Verständliche Wissenschaft

Vierundvierzigster Band

Jagd und Biologie

Von

S. Schumacher von Marienfrid

Berlin · Verlag von Julius Springer · 1939

Jagd und Biologie

Ein Grundriß der Wildkunde

Von

Dr. S. Schumacher von Marienfrid
Professor an der Universität Innsbruck

1. bis 5. Tausend

Mit 94 Abbildungen

Berlin · Verlag von Julius Springer · 1939

ISBN-13: 978-3-642-89077-2   e-ISBN-13: 978-3-642-90933-7
DOI: 10.1007/978-3-642-90933-7

Reprint of the original edition 1939

Vorwort.

Das Büchlein ist hauptsächlich für den Jäger geschrieben.
Zwar nicht für den Jäger, dem das Wild nur als Beute gilt,
sondern vielmehr für den naturgebundenen Jäger, der seine
Freude daran hat, auch das lebende Wild zu beobachten und
zu betreuen. Ihm ist es ja zu verdanken, daß heute noch unser
mächtiges Reich einen nach Art und Zahl so reichen Wild-
stand aufweist wie kein anderes Kulturland der Erde.

Dem Biologen drängen sich aus der Beobachtung des Wildes auf Schritt und Tritt Fragestellungen auf, deren Beantwortung er zum mindesten versuchen soll. Gerade bei den
wildlebenden Tieren treten die Probleme in reinerer und ein-
facherer Form an den Beobachter heran, da sie nicht durch
die Domestikation verschleiert und getrübt sind. Die bio-
logische Deutung und Auswertung der Lebensgewohnheiten
des Wildes geben die Grundlagen, um dieses kostbare Volksgut
für alle Zukunft zu schützen und zu erhalten.

Entgegen der bisherigen Gepflogenheit bildet das Büchlein
nicht eine Naturgeschichte des Wildes in dem Sinne etwa,
daß eine Wildart nach der anderen aufgezählt und beschrieben
wird. Es ist der Stoff vielmehr nach Organen gegliedert, deren
gemeinsame Merkmale bei den einzelnen Arten zusammen-
gefaßt und deren Verschiedenheiten hervorgehoben werden.
Somit handelt es sich mehr um eine vergleichende Biologie
des Wildes.

Es ist klar, daß bei dem gegebenen Umfang keineswegs
eine erschöpfende Darstellung der Gesamtbiologie des Wildes
gegeben werden kann. Dazu wäre ein mehrbändiges Werk
notwendig, für das derzeit noch die nötigen Unterlagen fehlen.
Es werden vielmehr nur ausgewählte Abschnitte der Wild-

V

kunde behandelt, und zwar vor allem jene Fragen, die dem
Jäger und Heger besonders naheliegen.

Da ich mich selbst seit Jahren mit wildkundlichen Forschungen befaßt habe, ist es verständlich, daß deren Ergeb-
nisse ausführlicher behandelt werden als andere Gebiete, auf
denen mir nur mangelhafte eigene Erfahrungen zur Verfügung stehen. Es bietet somit das Büchlein zugleich eine
Zusammenfassung meiner in verschiedenen Zeitschriften zer-
streuten Mitteilungen aus der Wildbiologie.

Die Abbildungen sind, sofern nichts anderes angegeben ist,
Originale des Verfassers.

Innsbruck, im Juni 1939.

S. v. Schumacher.

Inhaltsverzeichnis.

VIII

Einleitung.

Der Schuß ist gefallen. Der Rehbock blieb im Feuer. Die Hochspannung des Jägers, die vor dem Schuß den Siedepunkt erreicht hatte, ist auf den Nullpunkt gesunken, ja, sie hat einer gewissen Erschlaffung Platz gemacht. Allerdings hält diese nicht lange an, sondern weicht einer neuerlichen Spannung, die sich um so mehr steigert, je mehr sich der Jäger dem erlegten Bock nähert. Ist es wirklich der schon längst bekannte, oft verfolgte gute Bock, oder ist es ein Fremdling? Entspricht sein „Gehörn" den Anforderungen, die an einen Erntebock gestellt werden, so daß es nicht etwa bei der nächsten Pflicht-Trophäenschau einen Schlechtpunkt erhält? Hat der Bock das nötige Alter, oder ist es ein Zukunftsbock, ein Blender, der nur mit seinen langen lichten Stangen geprahlt hat? Diese und ähnliche Fragen finden ihre Beantwortung erst, wenn der Jäger den Bock in Händen und nach allen Richtungen untersucht hat. Damit löst sich die Spannung in Befriedigung, oder freilich auch oft in Enttäuschung auf. Und je nachdem geht der Jäger durch die Last des Bockes bedrückt oder erleichtert nach Hause.

Andere Fragen wird sich der Biologe stellen. Kann man beim Rehbock von „Gehörn" sprechen? Wie kommt es, daß der Kopfschmuck des Rehbockes in so mannigfaltiger Form auftritt? Sind die verschiedenen Formen auf Vererbung zurückzuführen oder umweltbedingt? Wie kann man das Alter eines Bockes mit annähernder Sicherheit ermitteln? Diese und ähnliche Fragen sind freilich nicht so leicht zu beantworten. Zum mindesten regen sie aber den Biologen zum Nachdenken und zu wissenschaftlicher Forschung an. Im Folgenden soll derartigen Fragen nähergetreten werden.

Geweih, Gewichtel, Gehörn.

Die bei den Cerviden (Familie der Hirsche) auftretenden Stangenbildungen am Haupte bezeichnet der Zoologe als Geweih. Es ist daher nichts dagegen einzuwenden, wenn er auch von einem Rehgeweih spricht. Der Jäger hat aber seine eigene Sprache und hält an seinen alten Bezeichnungen mit großer Zähigkeit fest, und das mit Recht. Nicht gerechtfertigt scheint mir aber das Festhalten an einer Bezeichnung, die falsch ist, und für die zudem eine andere treffendere Bezeichnung in der Weidmannssprache vorliegt. Das trifft für die nunmehr offiziell eingeführte Bezeichnung Reh-„Gehörn" zu. Gehörn und Geweih sind zwei grundverschiedene Bildungen, und es wird sich jeder Biologe dagegen wehren, ein Geweih als Gehörn zu bezeichnen. Ebenso wehrt sich aber der Jäger, beim Rehbock von einem Geweih zu sprechen, da diese Bezeichnung in der Weidmannssprache nur für den Hirsch gebräuchlich ist. Nun haben wir aber, namentlich in den Alpenländern, die seit jeher übliche Bezeichnung „Gewichtel", eine Bezeichnung, die durchaus zutreffend ist, da ja die Stangen des Rehbockes nichts anderes sind als ein kleines Geweih. Unter den Begriff „Gehörn" fallen die Gemskrucken, die Hörner des Steinbockes und die Schnecken des Muffelwildes.

Zur Bekräftigung, daß Geweih (Gewichtel) und Gehörn streng auseinanderzuhalten sind, diene folgendes:

Das *Geweih* ist im allgemeinen als *männliches sekundäres Geschlechtsmerkmal* aufzufassen, da es nur dem Männchen, nicht aber dem Weibchen zukommt. Eine Ausnahme hiervon macht nur das Rentier, bei dem beide Geschlechter ein Geweih tragen, so daß es bei dieser Art als Artmerkmal anzusprechen ist. In seltenen Ausnahmefällen kann allerdings auch eine Rehgeiß ein Gewichtel tragen, das aber meist rudimentär bleibt und wohl nie die Ausmaße des Gewichtels eines gleichalterigen Bockes erreicht.

Wenn es sich nicht um einen Scheinzwitter handelt, so sind es zumeist alte, schon seit längerer Zeit gelte Geißen, die aufhaben. Noch seltener ist dies bei Rothirschtieren der Fall. Daß ein Weibchen im höheren Alter, namentlich nach dem Aufhören der Geschlechtstätigkeit, mehr männliche sekundäre Geschlechtsmerkmale annimmt, kann man auch anderwärts vielfach beobachten. Ich erinnere z. B. nur an die bärtigen alten Weiber.

Das *Gehörn* kommt im allgemeinen beiden Geschlechtern zu und wäre somit als *Artmerkmal* aufzufassen. Hiervon macht von unseren Wildarten allerdings das Muffelwild eine Ausnahme, indem das Muffelschaf im Gegensatz zum Widder nur selten ein rudimentäres Gehörn in Form von „Stumpfen" trägt. Aber auch bei der Gemse und beim Steinwild erreicht das Gehörn der Geiß niemals die Mächtigkeit wie beim Bock, so daß die bessere Ausbildung des Gehörns als männliches Geschlechtsmerkmal zu werten ist.

Das *Geweih* wird alljährlich abgeworfen und wieder neu gebildet, ist somit eine nur einjährige Bildung. Während das *Gehörn* niemals abgeworfen wird und somit eine lebenslängliche Bildung darstellt. Wenn man bedenkt, daß das Geweih des Rothirsches ein Gewicht von 7 bis 8 kg erreichen kann und in verhältnismäßig kurzer Zeit (etwa in 3 Monaten) neu gebildet wird, so stehen wir vor einer alljährlichen Leistung des Organismus, dem nur das alljährliche Austragen eines oder mehrerer Jungen durch das Muttertier an die Seite gesetzt werden kann.

Es ist verständlich, daß die Ausbildung des Geweihes mit der Leistungsfähigkeit des Gesamtorganismus von Jahr zu Jahr zunimmt, was sich in der Größe, dem Gewicht und der allerdings nicht ganz gesetzmäßig wachsenden Endenzahl äußert. Die höchste Stufe der Ausbildung muß daher das Geweih erreichen, wenn sein Träger in der Vollkraft des Lebens, im „besten Alter" steht. In höherem Alter macht sich die geringere Leistungsfähigkeit des Organismus auch in der mehr und mehr abnehmenden Ausbildung des Geweihes bemerkbar. Der Hirsch „setzt zurück", wie der Jäger sagt. Bei keinem anderen Organ sehen wir die Lebenskurve mit ihrem auf- und absteigenden Schenkel so sinnfällig ausgedrückt wie am Geweih.

Das Rehgewichtel unterscheidet sich vom Hirschgeweih nur dadurch, daß bei ihm nie die große Endenzahl erreicht wird wie bei ersterem. Die höchste normale Stufe sind drei Enden an jeder Stange, d. h. das Sechser-Gewichtel. Vier Enden an jeder Stange, d. h. ein Achter-Gewichtel, ist nicht als eine normale Entwicklungsstufe, sondern als recht seltene Ausnahme anzusehen. Außerdem wirft der Rehbock früher ab, und das neue Gewichtel wird auch früher gebildet, „geschoben", so daß die Ausbildung des Gewichtels hauptsächlich in die Wintermonate, die des Hirschgeweihes in das Frühjahr fällt.

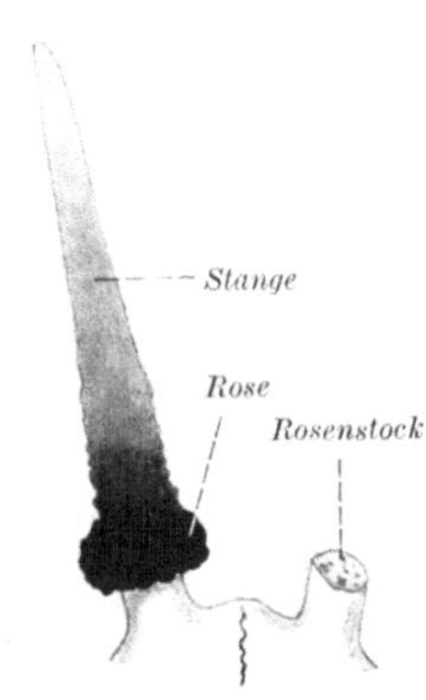

Abb. 1. Gewichtel eines einjährigen Rehbockes.

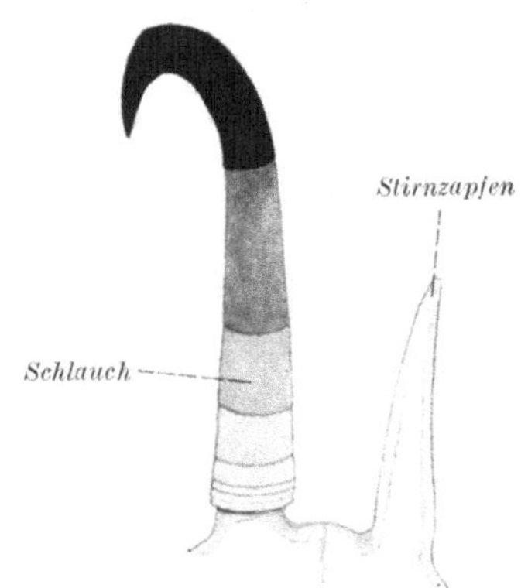

Abb. 2. Krucke eines achtjährigen Gemsbockes. Die zuerst gebildeten Teile von Gewichtel und Krucke sind schwarz, die zuletzt gebildeten weiß dargestellt.

Das *Geweih* (und Gewichtel) ist *Knochen* und zeigt denselben Feinbau und dieselbe chemische Zusammensetzung wie jeder andere Knochen. Es besteht aus Knochengrundsubstanz und in diese eingelagerten Knochenzellen, die während der Entwicklung Knochenbildungszellen waren und die Knochengrundsubstanz erzeugt haben. Da die Knochenbildungszellen Abkömmlinge des mittleren Keimblattes (Mesoderm) sind, ist das ganze Geweih eine *mesodermale Bildung*. Chemisch setzt es sich aus einer leimgebenden Substanz und Kalksalzen zusammen.

Das *Gehörn* besteht aus *Hornsubstanz*, einem Umwandlungsprodukt der oberflächlichsten Zellen der Oberhaut

(Epidermis), und ist seiner Herkunft und seinem Bau nach den übrigen Abkömmlingen der Epidermis, den Schalen, Krallen, Haaren und Federn an die Seite zu stellen. Da die Epidermis aus dem äußeren Keimblatt (Ektoderm) hervorgeht, ist somit das Gehörn eine *ektodermale Bildung*. Die Hornsubstanz, das Keratin, ist weder leimgebend, noch enthält sie Kalksalze.

Das Wachstum erfolgt beim *Geweih* in der Weise, daß sich zuerst die basalen Teile und erst später die Spitzen (Enden) ausbilden. Der Zuwachs erfolgt stets am jeweiligen Stangenende. Es zeigt somit das Geweih ein ausgesprochenes *Spitzenwachstum* (Abb. 1).

Beim *Gehörn*, z. B. bei der Gemskrucke, wird zuerst die Spitze ausgebildet, und der Zuwachs neuer Hornmasse erfolgt von der Basis her, so daß die Spitze dadurch mehr und mehr in die Höhe geschoben wird (Abb. 2). Das Gehörn zeigt somit *basales Wachstum*.

Das *Geweih* bildet die unmittelbare Fortsetzung des Rosenstockes oder Stirnzapfens, so daß die Knochenmasse des letzteren ohne scharfe Grenze in die Geweihstange übergeht.

Das *Gehörn* sitzt dem hohen, spitz zulaufenden Stirnzapfen auf und ist mit diesem nur durch Weichteile verbunden, so daß es sich z. B. durch Kochen vom Stirnzapfen als „Schlauch" ablösen läßt.

Alles in allem wird man begreifen, daß dem Biologen das Reh-„Gehörn" gegen den Strich geht, und daß er viel lieber von einem Gewichtel sprechen wird.

Die Formgestaltung des Gewichtels.

Trophäe kann etwa mit „Siegespreis" verdeutscht werden. Nicht umsonst hat der Jäger diese Bezeichnung für ganz bestimmte Teile des gestreckten Wildes gewählt. Das Geweih des Hirsches, das Gewichtel des Rehbockes, die Krucken der Gemse, das Gehörn des Steinbockes, die Schnecken des Muffelwidders, die Gewehre des Ebers werden als Trophäen des

5

Schalenwildes gewertet, als Siegespreis dafür, daß es dem
Jäger gelungen ist, das betreffende Stück zu überlisten und
zur Strecke zu bringen. Mit der Ausbildung und Wuchtigkeit
wächst in den Augen des Jägers im allgemeinen auch der Wert
der Trophäe und erreicht den Höhepunkt mit dem höchst-
möglichen Ausmaß der Entwicklung. Das ist aber immer erst
dann der Fall, wenn der Träger der Trophäe auf dem Höhepunkt seines Lebens steht. Einen Jüngling von einem Hirsch
oder Rehbock zu überlisten, ist keine große Kunst. Es ist aber
auch die Trophäe so unansehnlich, daß der Jäger sie kaum
als Siegespreis wertet. Handelt es sich aber um einen alten,
vielverfolgten und gewitzigten Herrn, der sich vermöge der
überlegenen Ausbildung von Geruch- und Gehörsinn seinem
Verfolger immer wieder zu entziehen weiß, dann wird die voll
entwickelte Trophäe wirklich zu einem Siegespreis, die der
Jäger, wenn er sie endlich doch errungen hat, voll Stolz an
die Wand hängt.

Bei keiner Wildart zeigen die Trophäen eine derartige
Mannigfaltigkeit wie beim Rehbock. Ja, wenn unser Reh ein
seltener Urwaldbewohner wäre, so würden die Forschungs-
reisenden nach der Ausbildung der Gewichtel wohl eine ganze
Reihe von Arten aufgestellt haben. Gerade diese Mannigfaltigkeit reizt aber den Biologen nachzuforschen, welche Faktoren
für die Formgestaltung des Gewichtels maßgebend sind.

Wie für jeden Körperteil eines Tieres, so kommen auch
für die Formgestaltung des Geweihes zwei Momente in Betracht: *Vererbung* und *Umwelteinfluß*. Daß für die Ausbildung des Gewichtels die Vererbung eine große Rolle spielt,
ergibt sich ohne weiteres aus der Betrachtung zahlreicher, aus
demselben Gebiete stammender Gewichtel.

Nicht allzu selten kommen abnorme Stangenbildungen vor,
die nicht die Folge einer Verletzung oder Erkrankung sind
und sich mit großer Zähigkeit durch mehrere Generationen
vererben. Derartige angeborene Abweichungen, wie z. B. Drei-
stangigkeit, ein- oder beiderseitige Plattköpfigkeit, d. h. Fehlen
der Stange und häufig auch des Rosenstockes, außergewöhnlich
eng gestellte, ungewöhnlich gekrümmte Stangen, Schaufelbil-
dung usw. wiederholen sich mehrfach in derselben Sippe. Die

6

Ähnlichkeit derartiger Abnormitäten ist gewöhnlich so groß, daß man auf den ersten Blick sagen kann, daß deren Träger nahe verwandt sein müssen.

Man hat die Veränderlichkeit in der Ausbildung der Gewichtel bei unserem Rehbock dadurch zu erklären versucht, daß das Rehwild unserer Heimat kein rassereiner Typus ist, sondern eine Bevölkerung (Population) darstellt, welche aus dem Gemisch zweier, in anderer Gegend noch rein erhaltener

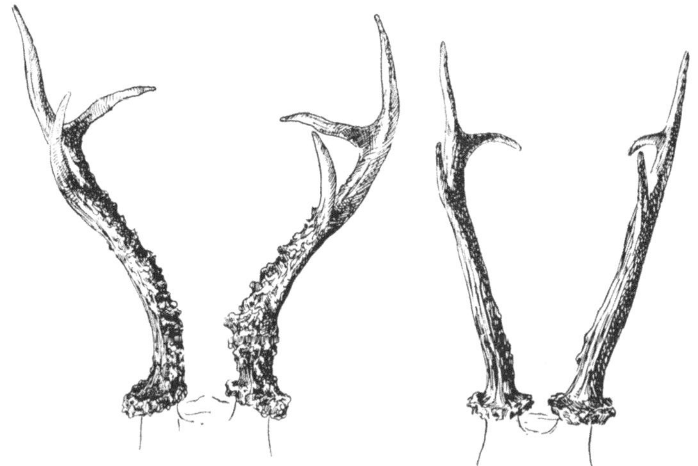

Abb. 3. Gewichtel vom Sibirischen Rehbock (nach Koller).

Abb. 4. Gewichtel vom Südeuropäisch-kleinasiatischen Rehbock (nach Koller).

Arten besteht, nämlich dem *Sibirischen Reh* einerseits und dem *Südeuropäisch-kleinasiatischen Reh* andererseits. Ersteres (Abb. 3) besitzt starke, weit ausgelegte Stangen mit guter Perlung und bedeutende Körpergröße. Es neigt zu geselligem Leben (Herdenbildung) und zu Wanderungen. Letzteres (Abb. 4) besitzt schlanke, eng gestellte Stangen mit schwacher Perlung und geringe Körpergröße. Es lebt mehr vereinzelt und ist standorttreu.

Man findet auch bei unserem Reh auf verhältnismäßig eng begrenztem Raum Typen, die in bezug auf die Gewichtelausbildung dem Sibirier, und Typen, die dem Kleinasier ähneln.

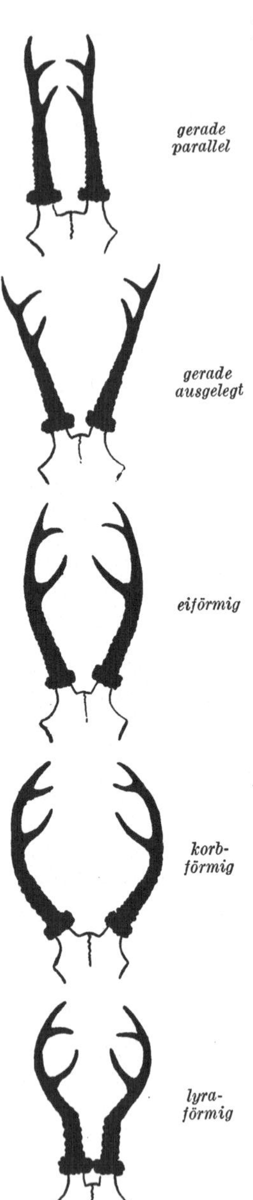

Abb. 5. Typische Gewichtelformen.

Damit erscheint aber die Formmannig-faltigkeit der Gewichtel keineswegs er-schöpft. Bei unserem Rehbock kann man der Form nach etwa folgende Haupttypen des Gewichtels unterscheiden: 1. das ge-rade parallele, 2. das gerade ausgelegte, 3. das eiförmige, 4. das korbförmige und 5. das lyraförmige Gewichtel (Abb. 5).

Außer diesen Haupttypen gibt es aber alle denkbaren Übergänge von der einen zur anderen Form. Da außerdem die Perlung, die Form der Rosen, die Stärke und Länge der Stangen und Enden, die Färbung der Stangen außerordentlich schwankt, so gleicht kaum ein Gewichtel vollständig dem anderen.

Wie kommen nun diese verschiedenen Formen zustande? Zunächst sehen wir einmal eine gewisse Abhängigkeit des Gewichtels von der Stellung der Rosen-stöcke oder Stirnzapfen. Sie sind ja das Bleibende, da sie nicht wie die Stangen alljährlich abgeworfen werden. Ihre Stel-lung ändert sich auch im Laufe der Jahre nicht wesentlich. Der Stellung nach kön-nen wir folgende Typen unterscheiden: parallel gestellte, divergente und kon-vergente Rosenstöcke. Dabei können bei jeder dieser Typen die Rosenstöcke eng oder weit gestellt sein. In der Mehrzahl der Fälle sehen wir nun, daß die Achse der Stange mit der des Rosenstockes zu-sammenfällt. Wenigstens gilt das für die beiden ersten Gruppen, nicht aber für die konvergenten Rosenstöcke.

Bei parallelen Rosenstöcken werden wir daher gewöhnlich ein gerades paralleles oder ein lyraförmiges Gewichtel finden (vgl. Abb. 5), das je nach dem Abstand der Rosenstöcke voneinander eng oder weit gestellt sein kann. Bei divergenten Rosenstöcken sehen wir meist ein gerade ausgelegtes oder ein ei- bis korbförmiges Gewichtel. Bei den nicht allzu selten vorkommenden konvergenten Rosenstöcken müßte es beim Zusammenfallen der Stangenachsen mit denen der Rosenstöcke zu einer Kreuzung der Stangen kommen, eine Form, die aber höchstens als seltene Abnormität auftritt. Wir sehen vielmehr bei konvergenten Rosenstöcken ein paralleles oder sogar ausgelegtes Gewichtel. Die Abhängigkeit des Gewichtels von den Rosenstöcken bezieht sich somit hauptsächlich auf die Stellung, weniger aber auf die Form der Stangen.

Für die Formgestaltung der Stangen kommt vor allem die *Blutversorgung* in Betracht. Die noch wachsenden Geweihstangen sind mit Bast, d. i. die mit der Knochenhaut verschmolzene äußere Haut, überzogen. Der Bast enthält nicht nur knochenbildendes (osteogenes) Gewebe mit Knochenbildungszellen (Osteoblasten), sondern auch außerordentlich zahlreiche Blutgefäße, denen die Aufgabe zukommt, die zum Aufbau der Knochenmasse nötigen Stoffe zuzuführen.

Die Gefäße verlaufen hauptsächlich in der tiefsten Schicht des Bastes, so daß sie der Oberfläche der knöchernen Stange unmittelbar aufliegen und an ihr rinnenförmige Vertiefungen, die Gefäßrillen, erzeugen. Namentlich sind es die Arterien, die scharf begrenzte und tiefe Rillen hervorrufen. Aus ihrem Verlauf läßt sich die Anordnung der Arterien während des Geweihwachstums ohne weiteres ablesen. Für das Hirschgeweih ergibt sich ein Überwiegen der Blutversorgung an der Außenseite der Stange und an der Unterseite der Sprossen. Da jene Seite, die mehr Blut und somit auch mehr Aufbaustoffe für das Geweih zugeführt erhält, rascher wachsen wird, so müssen sich die Stangen und die Sprossen mit der Konvexität gegen die besser ernährte Seite krümmen.

Nun können wir auch versuchen, die verschiedenen Formtypen des Rehgewichtels aus der Arterienanordnung abzuleiten. Wird der Stange allseitig die gleiche Blutmenge zugeführt,

so wird sie ohne Krümmung in der Richtung der Rosenstöcke
vorwachsen. Es entsteht ein *gerades paralleles* oder *gerades
ausgelegtes Gewichtel* (Abb. 6 a, b). Überwiegt die Blutzufuhr
an der Außenseite der Stange, so muß diese schneller wachsen

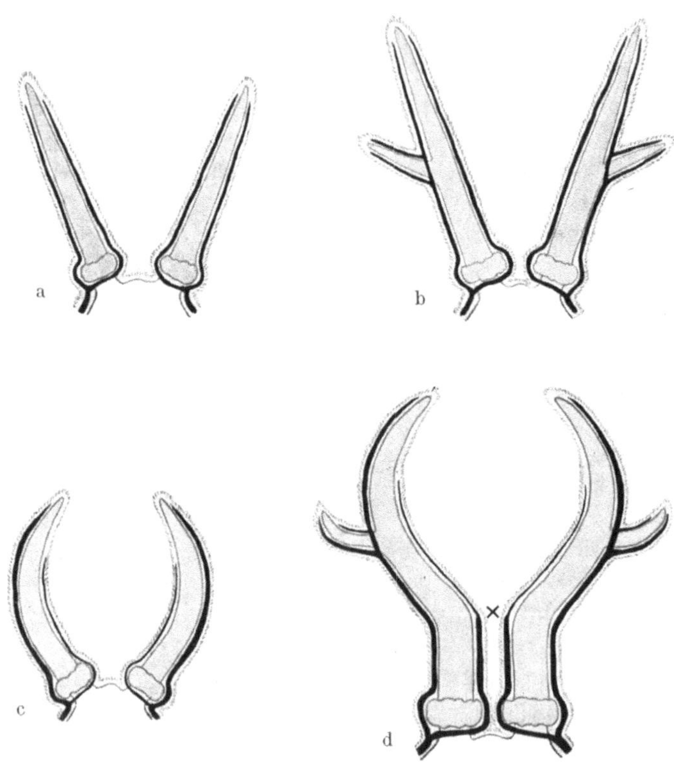

Abb. 6. Abhängigkeit der Gewichtelform von der Blutzufuhr. a) Gerade aus·
gelegter Spießer. b) Gerade ausgelegter Gabler. c) Eiförmiger Spießer.
d) Lyraförmiger Gabler. Blutgefäße schwarz.

als die schlechter ernährte Innenseite, was nur durch eine
Krümmung mit der Konvexität nach außen möglich ist. Es
entsteht somit ein *ei-* bis *korbförmiges Gewichtel* (Abb. 6 c).
Dasselbe gilt auch in bezug auf die Sprossen. Erhält ein Sproß
allseitig die gleich große Blutmenge, so wird er gerade vor-

wachsen (Abb. 6 b), erhält er aber mehr Blut an seiner Unterseite, so wird er sich nach oben krümmen (Abb. 6 d)).

Schließlich wäre noch das Zustandekommen der *Lyraform* (Abb. 6 d) zu erklären, d. h. jener Form, bei der die Stangen in ihrem basalen Abschnitt gerade und parallel verlaufen, dann aber früher oder später sich mit der Konvexität nach außen krümmen. Es ist anzunehmen, daß in diesem Fall zu Beginn des Wachstums der Stangen diese allseitig gleichmäßig mit Blut versorgt werden, daher zunächst das gerade Wachstum. Dann müßte es aus irgendeinem Grund zur Abbremsung des Blutstromes an der Innenseite kommen, so daß diese infolge der schlechteren Ernährung im Wachstum gegenüber der nunmehr besser ernährten Außenseite zurückbleibt, daher die Krümmung mit der Konvexität nach außen.

Es ist nur die Frage, wie diese Abbremsung des Blutstromes zustande kommt. Für viele Fälle dürfte vielleicht folgende Erklärung zutreffen: Die Lyraform finden wir besonders häufig bei eng stehenden Rosenstöcken, bei denen sich die Rosen nahezu oder vollständig berühren. Zu Beginn des Stangenwachstums haben die Rosen noch nicht ihre endgültige Größe erreicht und werden daher auch den Blutstrom in keiner Weise behindern. Vergrößern sich aber im weiteren Verlauf der Stangenentwicklung die noch mit Bast überzogenen Rosen mehr und mehr, so werden schließlich der Bast und die in ihm verlaufenden Arterien förmlich zwischen den beiden Rosen eingeklemmt, so daß durch die Arterien nur mehr wenig oder vielleicht gar kein Blut mehr fließen kann. Diese Abbremsung des für die Innenseite der Stangen bestimmten Blutstroms würde in der schematischen Abbildung 6 d zu dem Zeitpunkt erfolgt sein, wo die Stangen die Höhe des $\times$ erreicht haben.

Daß diese Erklärung nicht für alle Fälle gelten kann, ergibt sich 1. schon daraus, daß es Lyraformen gibt bei verhältnismäßig weit auseinanderstehenden Rosenstöcken und schlecht entwickelten Rosen, die zu keiner Behinderung des Blutzuflusses führen konnten, und 2. auch daraus, daß es Gewichtel gibt, die trotz der gegenseitigen Berührung der Rosen keine Lyraform aufweisen. Im letzteren Falle wäre allerdings daran zu denken, daß die für die Innenseite der Stange bestimmten Arterien geschützt in Buchten der Rose aufsteigen, so daß auch beim Zusammenrücken der Rosenränder bis zur Berührung der Blutstrom in keiner Weise behindert wird.

Trifft meine für die Entstehung der Lyraform gegebene Annahme zu, so ist zu erwarten, daß sich gelegentlich bei ein und demselben Bock die Gewichtelform im Laufe der Jahre ändert, daß er z. B. in den ersten Lebensjahren ein gerades, in späteren Jahren bei zunehmender Rosenstärke ein lyraförmiges Gewichtel trägt. Daß dieser Fall tatsächlich eintreten kann, ergibt sich aus dem Vergleich der Abwürfe eines Bokkes aus verschiedenen Jahrgängen. So können die Abwurfstangen aus den ersten Jahren noch gerade sein, während die aus späteren Jahren eine Krümmung zeigen, wie sie der Lyraform zukommt. Somit wäre auch die Gewichtelform nicht in allen Fällen absolut erblich festgelegt.

Da die ganze Gewichtel- und Geweihform im wesentlichen der Ausdruck einer bestimmten Arterienverteilung ist, so darf nicht gesagt werden, daß die Formanlage des Geweihes als solche sich vererbt. Erblich festgelegt wird aber die Arterienverteilung sein, die bei gleicher Anordnung immer wieder zu einer ähnlichen Form des Geweihes führt. Außer der Gefäßverteilung wird auch die Stellung und Ausbildung der Rosenstöcke vererbt werden, die aber mehr die Stellung als die Form der Stangen beeinflußt.

Wenn man bedenkt, daß nach dem Verfegen von den Arterien nur noch die unterhalb der Rose gelegenen Abschnitte erhalten bleiben, so muß sich aus diesen Arterienstümpfen alljährlich beim Schieben des neuen Geweihes nach hydrodynamischen Gesetzen ein ähnlicher Arterienverlauf ausbilden. Kommt es aber zu irgendeiner Störung der Blutzufuhr, z. B. dadurch, daß eine Arterie durch Verletzung, Verstopfung oder Quetschung ausgeschaltet wird, so muß sich das auch in einer Änderung der Geweihform auswirken.

Einfluß der Umwelt
auf die Ausbildung der Trophäen.

Jedem Jäger ist bekannt, daß es Gegenden gibt, in denen Rot-, Reh- und auch Gemswild sich durch besondere Stärke und gleichzeitig gewöhnlich auch durch mächtige Entwicklung der Trophäen auszeichnet, während in anderen Gegenden gerade das Gegenteil der Fall ist. Man spricht daher von verschiedenen *Wuchsgebieten*. In erster Linie wirkt sich in einem bestimmten Wuchsgebiet wohl die Äsung aus, die wieder mit der Bodenbeschaffenheit in innigem Zusammenhang steht. Weiterhin spielen aber auch die klimatischen Verhältnisse eine wesentliche Rolle.

Wie sehr die Ausbildung des Geweihes von der Äsung abhängt, haben namentlich die in den letzten Jahren durchgeführten Fütterungsversuche mit Sesamkuchen ergeben. Da dieses Mastmittel alle zum Aufbau des Geweihes notwendigen Stoffe in großer Menge und leicht assimilierbarer Form enthält und in dieser Hinsicht jedem anderen Kraftfutter überlegen ist, so sind durch Sesamfütterung beim Rothirsch Geweihe von einer Mächtigkeit und Endenzahl erzielt worden, die die gesamte Jägerschaft in Staunen, Bewunderung und zum Teil wohl auch Neid versetzten.

Wird ein Rehkitzbock aus einem schlechten Wuchsgebiet unter möglichst günstigen Bedingungen in Gefangenschaft aufgezogen, so schiebt er in den folgenden Jahren gewöhnlich ein so mächtiges Gewichtel, wie es in freier Wildbahn in dem betreffenden Wuchsgebiet überhaupt nie beobachtet worden ist. Ein Beweis dafür, daß nicht die Rasse, der Schlag, des Wuchsgebietes mit Bezug auf die Gewichtelbildung schlecht ist, sondern daß die vorhandenen guten Erbanlagen infolge der ungünstigen Umweltverhältnisse nicht zur Entfaltung gelangen. Wollte man z. B. für Zuchtzwecke ermitteln, welcher Schlag die günstigsten Erbanlagen besitzt, so müßte man daher Rehwild aus den verschiedensten Wuchsgebieten unter genau denselben Bedingungen in Gefangenschaft halten.

Einfluß des Wettergeschehens auf die Ausbildung des Gewichtels.

Jeder Jäger weiß, daß auch in ein und demselben Wuchsgebiet die Güte der Rehgewichtel — nicht so sehr aber die der Hirschgeweihe — in den einzelnen Jahrgängen recht beträchtlich schwankt. Vor Beginn der Bockschußzeit hört man immer wieder die Frage des Jagdherrn: „Wie haben heuer die Böcke auf?" Und die Antwort des Aufsichtsjägers: „Heuer haben sie recht gut auf. Es war ja ein guter Winter." Oder in einem anderen Jahr: „Heuer haben sie miserabel auf. Kein Wunder bei dem Sauwinter!" usw. Dabei versteht der Jäger unter einem „guten Winter" einen Winter, von dem er vermutet, daß er dem Gedeihen des Wildes im allgemeinen zuträglich ist und daher auch die Gewichtelbildung günstig beeinflußt. Erfahrungsgemäß sind das schneearme, milde und kurze Winter. Tritt schon frühzeitig Schneefall ein, bleibt die Schneedecke bis in den März hinein liegen, und herrscht dazu noch große Kälte, so vermutet der Jäger, daß die Böcke im darauffolgenden Sommer schlecht aufhaben werden. Er schreibt somit den klimatischen Verhältnissen des Winters einen Einfluß auf die Gewichtelbildung zu. Meines Wissens ist aber noch nie der Versuch gemacht worden, genauer zu untersuchen, welche klimatischen Faktoren es sind, die maßgebend die Ausbildung des Gewichtels beeinflussen.

In die Schwankungen der Güte der Rehgewichtel in verschiedenen Jahrgängen erhält man einen ungefähren Einblick bei der Durchmusterung einer Trophäenschau, die sich über eine größere Anzahl von Jahren erstreckt. Es wird immer wieder auffallen, daß es einzelne Jahrgänge gibt, in denen recht viele, und andere Jahrgänge, in denen auffallend wenige Gewichtel zur Prämiierung gelangen. Erfolgt die Prämiierung der Trophäen nicht nach freiem Ermessen, sondern, wie das heute wohl allgemein geschieht, nach einer feststehenden Formel, somit rein objektiv, dann gibt uns die Zahl der in einem Jahrgang prämiierten Gewichtel einen ungefähren Maßstab für die Ausbildung der Trophäen in diesem Jahrgang.

14

Die Tiroler Landes-Jagdausstellung 1936, welche die in den
Jahren 1927—1936 erbeuteten Trophäen umfaßte, bot mir
Gelegenheit, einmal für jeden Jahrgang die Zahl der prämiierten Gewichtel festzustellen und weiterhin mit diesen Zahlen
das Wettergeschehen zur Zeit der Gewichtelbildung zu vergleichen. Die Zahlen der preisgekrönten Gewichtel sind, wie ein
Blick auf Abb. 7 lehrt, so verschieden, daß das wohl nicht
ein reiner Zufall sein kann. So erwies sich z. B. 1929 mit nur
einem prämiierten Gewichtel als der
schlechteste, 1933 mit 32 preisgekrönten als der beste Jahrgang.

Gute Böcke – und das sind alle prämiierten – werfen schon im Oktober ab
und beginnen bald nachher mit dem
Schieben des neuen Gewichtels, das
durchschnittlich Ende März seine volle
Ausbildung erlangt hat. Es kommen somit für die Entwicklung des Gewichtels
die Wintermonate November bis März
in Betracht. Ein Vergleich der klimatischen Verhältnisse für diese Monate
in den Jahren 1927—1936 mit den Zahlen der preisgekrönten Gewichtel hat
nun folgendes ergeben: Als wichtigster,
wenn auch nicht als einziger Faktor für
die Ausbildung des Gewichtels scheint

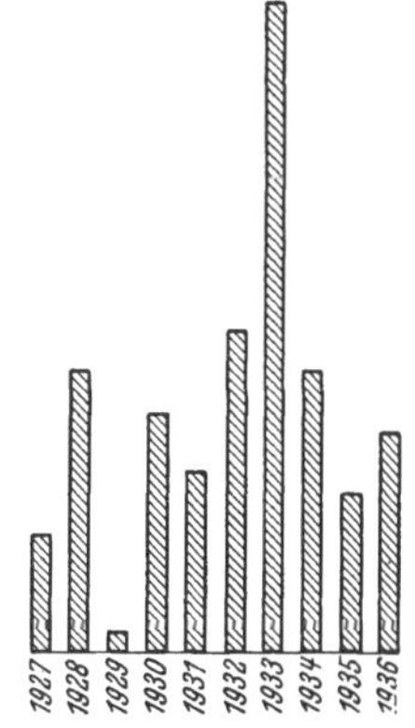

Abb. 7. Zahl der preis-
gekrönten Gewichtel aus
den Jahrgängen 1927 bis
1936 auf der Tiroler Lan-
des-Jagdausstellung.

die *Zahl der Sonnenstunden* in Betracht zu kommen. (Der
Winter 1933 hatte weitaus die größte Sonnenstundenzahl!).
In zweiter Linie dürfte die Schneedeckendauer sich auswirken.

Es ist aber anzunehmen, daß der Schneereichtum eines
Winters nur indirekt durch Erschwerung der Äsungsaufnahme
und die dadurch verursachte allgemeine Unterernährung die
Gewichtelbildung ungünstig beeinflußt. Die Temperatur scheint
im allgemeinen keinen wesentlichen Einfluß auszuüben. Daß
sich aber eine ganz außergewöhnliche Kälte doch ungünstig
auswirkt, geht wohl aus dem Jahrgang 1929 mit seinem ge-
radezu sibirischen Winter hervor, in dem noch dazu die
Sonnenstundenzahl unter dem Mittel lag.

Wenn sich aus dem Vergleich der Zahl der prämiierten Gewichtel mit dem Wettergeschehen ergeben hat, daß wahrscheinlich dem Sonnenschein die wichtigste Rolle bei der Ausbildung des Kopfschmuckes zukommt, so ist damit ein Gesichtspunkt gewonnen worden, der bisher keine Berücksichtigung gefunden hat. Dadurch erklärt sich wohl auch, daß die Erwartungen, die der Jäger nach einem seiner Ansicht nach sehr günstigen Winter für das Aufhaben der Böcke gehegt hat, nicht immer eintreffen. Es können die Böcke nach einem milden, schneearmen und niederschlagsarmen Winter verhältnismäßig schlecht aufhaben, wenn wenig Sonnenschein war. Aber auch umgekehrt. Der Winter 1932 ließ nach der bisherigen Ansicht infolge seiner ziemlich großen Kälte und seiner immerhin mittelgroßen Zahl von Schneedeckentagen nicht allzuviel erwarten. Trotzdem sehen wir im Jahrgang 1932 die zweitgrößte Zahl von prämiierten Gewichtel, aber auch die zweitgrößte Zahl von Sonnenstunden!

Bedenkt man, daß die Geweihbildung ein sich alljährlich wiederholender Knochenneubildungsvorgang ist, so war eigentlich schon von vornherein zu erwarten, daß die Sonnenbestrahlung hierbei eine ausschlaggebende Rolle spielen wird. Forschungen aus neuerer Zeit haben ergeben, daß zur normalen Knochenentwicklung die Anwesenheit von *D-Vitamin* im Organismus notwendig ist. Fehlt dieses Vitamin oder ist es in zu geringer Menge vorhanden, so bleibt die Knochenbildung mangelhaft, es kommt nicht zur genügenden Kalkablagerung im Knochen, er bleibt porös und weich. Es tritt jener Zustand ein, der als Rachitis (Englische Krankheit) bezeichnet wird. Daher wird das D-Vitamin auch als antirachitisches Vitamin bezeichnet. Das D-Vitamin übt seine antirachitische Wirkung aber nur dann aus, wenn es durch Bestrahlung mit Sonnenlicht aktiviert (wirksam gemacht) worden ist. Daher kommt als Entstehungsursache der Rachitis D-Vitamin- *und* Sonnenlichtmangel in gleicher Weise in Betracht.

Nach diesen Ausführungen ist zu erwarten, daß es zu mangelhafter Geweihbildung auch dann kommen wird, wenn zwar genügend D-Vitamin mit der Äsung aufgenommen wurde, aber wenig Sonnenschein herrschte, so daß das Vitamin nicht

genügend aktiviert wurde. D-Vitamin findet sich in manchen
Pflanzen, die auch von Rehen und Hirschen mit Vorliebe ge-
äst werden, so vor allem in Pilzen und im Getreide bzw. dessen Keimlingen. Im Herbst findet man gelegentlich den Pan-
sen eines Rehbockes ausschließlich mit Pilzen vollgepfropft.
Daher auch die Pilzbezeichnungen „Rehlinge" und „Hirsch-
kugeln"! Somit scheint es verständlich, daß trotz ausgiebiger
und zweckmäßiger Winterfütterung die Geweihbildung in
einem sonnenarmen Winter mangelhaft bleibt. Es scheint mir
auch nicht unwahrscheinlich, daß „brandige", das sind auffallend dunkle, kalkarme, poröse, mit stumpfen Enden und

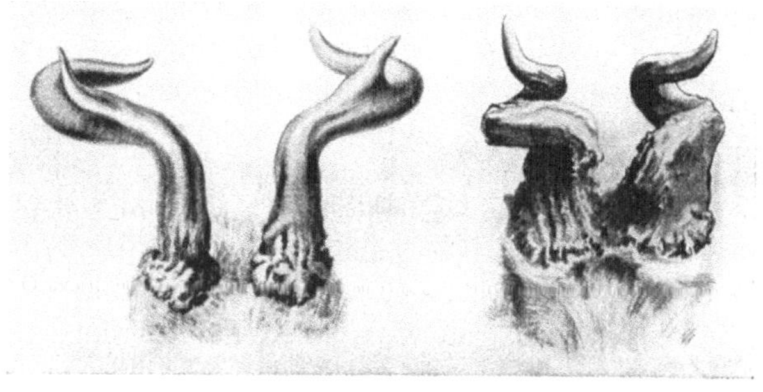

Abb. 8. Widderförmige Gewichtel (nach von Raesfeld).

Stangenbrüchen versehene Gewichtel, wie man sie gelegentlich
nach einem „schlechten" Winter zu sehen bekommt und die
gewöhnlich auf Erfrierungen des Bastes zurückgeführt werden, als eine Art rachitischer Gewichtel anzusehen sind, entstanden durch die Sonnenarmut des betreffenden Winters.
Daß es überhaupt zu einer Erfrierung des Bastes bzw. des
noch wachsenden Geweihes kommen könnte, scheint mir
höchst unwahrscheinlich, da kein anderer vorspringender Körperteil eine so große Blutmenge zugeführt erhalten dürfte wie
das Bastgeweih.

Ähnliche „brandige", kalkarme und mißgestaltete Gewichtel (Korkzieher- und Widderformen, Abb. 8) beobachtet man
häufig an Böcken in Hochmoorgebieten, und vielfach ist das
ganze Skelett der Träger solcher Gewichtel kalkarm (rachi-

tisch, osteomalazisch). Gewöhnlich wird das als eine Folge
von kalkarmer Äsung angesehen. Mir scheint es viel wahr-
scheinlicher, daß auch diese Hochmoorgewichtel nicht infolge
zu geringer Kalkaufnahme, sondern infolge ungenügender
Sonnenbestrahlung entstehen. Gerade über den Hochmooren
lagert während der Wintermonate häufig dichter Nebel, so
daß dadurch die das D-Vitamin aktivierenden Sonnenstrahlen
vom Wildkörper abgehalten werden.

Im Winter zeigt das Reh einen ausgesprochenen Sonnen-
hunger. Während es im Sommer ein Dämmerungstier ist,
wird es im Spätherbst und Winter zum Tagestier und steht
tagsüber häufig auf sonnigen Schlägen und Wiesen. Vielleicht geschieht das nicht so sehr, um sich zu erwärmen, sondern rein instinktiv, um durch die Bestrahlung das mit der
Äsung aufgenommene D-Vitamin zu aktivieren.

In der Ausbildung des Rothirschgeweihes finden wir bei
weitem nicht jene an verschiedene Jahrgänge gebundenen
Schwankungen wie beim Rehgewichtel. Das könnte damit zusammenhängen, daß die Geweihbildung beim Hirsch zu anderer Jahreszeit erfolgt, nämlich vom April bis Juli, somit zu
einer Zeit, in der auch unter ungünstigen Witterungsverhält-
nissen mehr Sonnenschein herrscht als im Winter.

Sind meine Schlußfolgerungen zutreffend, so könnte man
daran denken, durch Beigabe von antirachitischen Mitteln,
z. B. von Lebertran zum Lecksalz bzw. Winterfutter, die Geweihbildung zu fördern. Der Lebertran enthält in relativ großer Menge schon aktiviertes D-Vitamin und ist somit geeignet,
nicht nur einen D-Vitaminmangel, sondern zugleich auch un-
genügende Sonnenbestrahlung zu ersetzen.

Abnormitäten.

Wenn der Jäger von Abnormitäten schlechtweg spricht, so
versteht er darunter außergewöhnlich ausgebildete Geweihe
und Gehörne. Durchmustert man alte Trophäensammlungen,
so fällt einem immer wieder die große Zahl der Abnormitäten
auf. Früher war überhaupt der Geschmack mehr auf das

18

Außergewöhnliche, auf Raritäten, gerichtet, und daher wurden auch abnorme Trophäen eifrig gesammelt und dafür unglaublich hohe Preise gezahlt. Heute haben die Abnormitäten wesentlich an Wert verloren, hauptsächlich wohl dadurch, daß man zum großen Teil ihre Entstehungsursachen aufdecken konnte und dadurch auch lernte, gerade die früher gesuchtesten Abnormitäten künstlich zu erzeugen. Heute schätzt der Jäger eine normal, aber möglichst vollkommen entwickelte, formschöne Trophäe höher ein als eine mißgestaltete.

Für den Biologen haben aber die Abnormitäten nicht an Interesse verloren. Für ihn bleibt es nach wie vor reizvoll, den Ursachen nachzuspüren, die zu abnormen Geweih- und Gehörnformen führen. Dies um so mehr, als eine abnorme Ausbildung häufig Rückschlüsse auf das normale Geschehen gestattet.

Ganz allgemein können wir die Abnormitäten in *angeborene* und *erworbene* einteilen. Allerdings gibt es Fälle, die nicht mit Sicherheit der einen oder anderen Hauptgruppe zuzurechnen sind.

Abnormitäten bei der Gemse.

Recht wenig Abwechslung in bezug auf Abnormitäten bieten die Gehörne, z. B. die Gemskrucken. Die Mehrzahl der immerhin recht selten vorkommenden Abnormitäten ist erworben. Hierher gehören die oft rechtwinkeligen Knickungen und Verbiegungen einer oder beider Krucken, die wohl stets auf Brüche der Stirnzapfen zurückzuführen sind, wobei die beiden Bruchenden in ungewöhnlicher Stellung zur Anheilung gelangten. Am häufigsten dürften derartige Brüche durch Steinschlag entstehen, dem das Gemswild in besonders hohem Maße ausgesetzt ist. Bricht die Krucke durch eine Verletzung vollständig entzwei, so daß das obere Bruchstück abfällt, so kann der Stirnzapfen an seinem Bruchende wohl wieder mit Hornmasse überzogen werden, ohne daß es aber zur Ausbildung eines neuen Hornschlauches kommt. Es entsteht eine Stummelkrucke.

Ein angeborenes Fehlen einer oder beider Krucken, eine Plattköpfigkeit, scheint beim Gemswild fast nie vorzukommen. Im Schrifttum finde ich nur einen Fall von einer kruckenlosen Gemsgeiß, wo an Stelle der Hörner kurze Haarbüschel saßen. Abnorme Stellungen der Stirnzapfen kommen angeboren vor. Naturgemäß müssen sie zu einer ungewöhnlichen Stellung der Krucken führen. So kann z. B. die eine Krucke nach vorn, die andere nach hinten geneigt sein. Oder die Achsen der Stirnzapfen neigen sich ungewöhnlich stark nach außen, wodurch an den Krucken eine abnorm starke Auslage entsteht, die die Kruckenhöhe bei weitem übertreffen kann. Angeboren und zugleich auch vererbbar sind ungewöhnlich dünne, bei Geißen oft nur bleistiftdicke Krucken.

Viel begehrt und teuer bezahlt waren seinerzeit die vierkruckigen Gemsen (Abb. 9), bis es sich herausstellte, daß es sich um einen ganz gewöhnlichen Schwindel handelte. Auf Sardinien gibt es nämlich eine Schafrasse (Ovis aries polyceros), die regelmäßig vier Hörner trägt. Findige Gauner haben nun diese Schädeldecke benützt, um den vier Stirnzapfen vier Gemsschläuche aufzusetzen. Dann wurde noch eine Geschichte erdichtet, wo und unter welchen Umständen diese Rarität erlegt wurde, und der Hereinfall des Trophäensammlers war gesichert.

Abb. 9. Vierkruckiger Gemsbock. Fälschung (nach Fuschlberger).

Theoretisch bestünde allerdings die Möglichkeit, daß einmal eine vierhörnige Gemse vorkommen könnte. Dann würden aber nur zwei von den Krucken als Schläuche den Stirnzapfen aufsitzen, während die beiden anderen nur sogenannte „*Haut-*

hörner" wären, die als massive Horngebilde wohl mit der Decke, nicht aber mit dem knöchernen Schädel in Verbindung stehen würden.

Derartige Hauthörner kommen aber nicht nur am Haupte gelegentlich einmal vor (Abb. 10), sondern können ebensogut

Abb. 10. Hauthörner am Haupt von Gemsböcken (nach Fuschlberger).

irgendwo am Rumpf auftreten (Abb. 11), und zwar nicht nur bei der Gemse, sondern auch bei allen Säugetieren einschließlich dem Menschen, und sogar bei Vögeln. Es handelt sich dabei um krankhafte Bildungen, um örtlich vermehrte Hornbildung in der Oberhaut, deren Entstehungsursache gewöhnlich in einem langdauernden mechanischen Reiz gesucht wird.

Wenn man den Teufel mit Hörnern darstellt, so mag das vielleicht auf eine derartige Beobachtung zurückzuführen sein. Man

Abb. 11. Hauthorn am Rumpf einer Gemsgeiß (Museum Ferdinandeum, Innsbruck).

war ja im Altertum geneigt, auffallende Mißbildungen und Abnormitäten als göttliche oder dämonische Attribute hinzustellen.

Außer dem Hörneraufsetzen in betrügerischer Absicht, von dem schon die Rede war, gab es aber noch eine andere Art des Hörneraufsetzens. Beim Kastrieren der Hähne pflegte man gelegentlich die Sporen abzuschneiden und dem Hahn als sichtbares Zeichen seiner Entmannung in den Kamm einzupflanzen. Einen derartigen gehörnten Kapaun bezeichnete man dann als „Hahnreh". Die heute noch übliche Redensart „Hörner aufsetzen" und die Bezeichnung „Hahnreih" für denjenigen, dem die Hörner aufgesetzt wurden, soll hierauf zurückzuführen sein.

Angeborene Abnormitäten bei Reh und Hirsch.

Bei allen Cerviden treten Abnormitäten am Geweih in grundsätzlich ähnlichen Formen auf, daher können sie gleich-

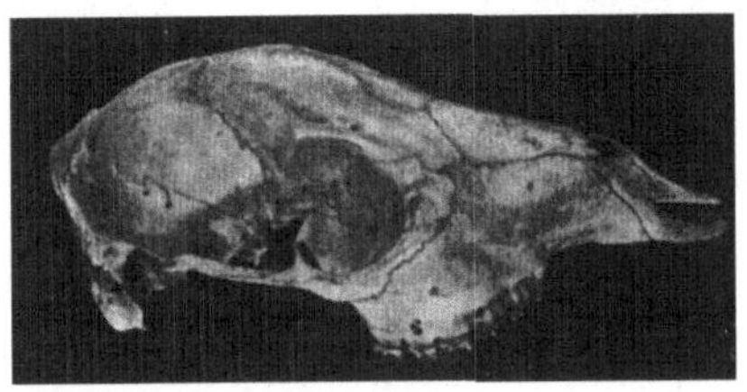

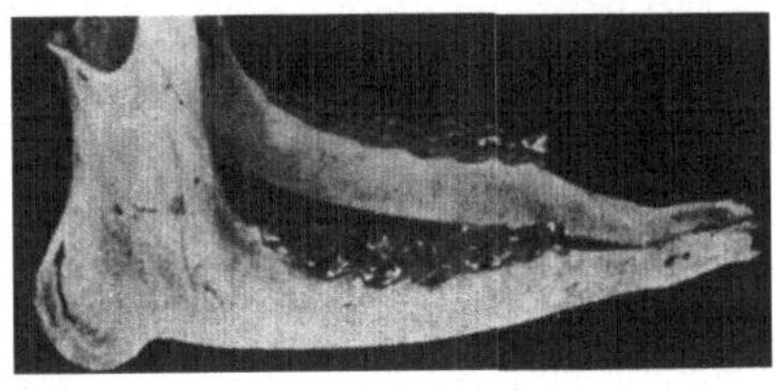

Abb. 12. Schädel eines geweihlosen alten Rehbockes (Plattkopf) mit zugehörigem Unterkiefer, der ausgesprochen männliche Merkmale zeigt (Aufnahme von Prof. G. B. Gruber, Göttingen).

zeitig besprochen werden. Allerdings sehen wir sie häufiger beim Reh als beim Hirsch. Eine scharfe Grenze zwischen normal und abnorm ist namentlich beim Reh nicht zu ziehen, dessen Gewichtel schon normalerweise eine außerordentliche Mannigfaltigkeit aufweist.

Alle angeborenen (nicht aber die erworbenen) Abnormitäten sind mehr oder weniger vererbbar und werden sich daher im selben Revier wiederholen. Da die Rosenstöcke oder Stirnzapfen das einzig Bleibende des ganzen Geweihes sind, so wird auch die Mehrzahl der angeborenen Geweihabnormitäten auf eine abnorme Ausbildung der Rosenstöcke zurückzuführen sein.

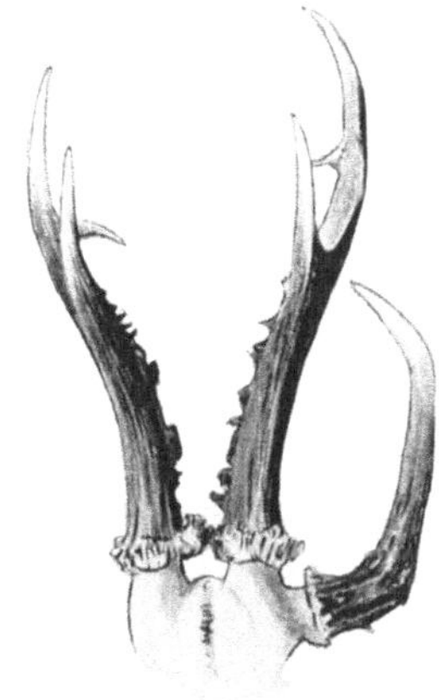

Abb. 13. Dreistangen-Gewichtel (nach von Raesfeld).

Abb. 14. Gewichtel mit verschmolzenen Rosenstöcken und basalen Stangenteilen (nach von Raesfeld).

Vollständiger Mangel der Rosenstöcke führt naturgemäß zur Geweihlosigkeit. Man spricht dann von (ein- oder beiderseitigen) *Plattköpfen* oder *Mönchen* (Abb. 12). Außergewöhnlich schwach entwickelte Rosenstöcke tragen ungewöhnlich dünne, häufig sprossenlose Stangen. Überzählige Rosenstöcke führen zu *mehrstangigen Geweihen* (Abb. 13). Eine außergewöhnliche Stellung der Rosenstöcke muß sich auch in der Stellung der Stangen auswirken. Stehen die Rosenstöcke abnorm eng, so kann es zur Verwachsung der Rosen und basalen Stangenteile kommen. Schließlich können die Rosenstöcke zu einem einheitlichen Stirnzapfen verschmelzen, dem dann nur *eine* Stange aufsitzt, die sich erst weiter oben gabelt (Abb. 14).

Pendelstangen.

Eine abnorme Stellung der Rosenstöcke muß aber nicht angeboren, sondern kann auch die Folge einer Verletzung sein. Damit begeben wir uns auf das Gebiet der erworbenen Abnormitäten. So kommt es nicht selten durch Stoßwirkung zum Bruch eines oder auch beider Rosenstöcke. War der Stoß so heftig, daß nicht nur der Knochen entzweigebrochen, sondern auch die Knochenhaut durchrissen wurde, so senkt sich

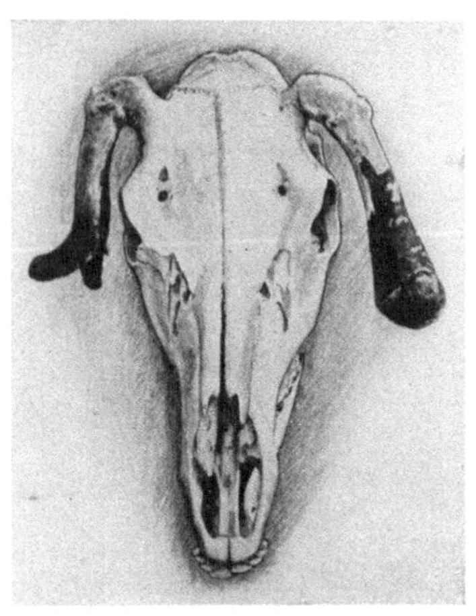

Abb. 15. Doppelseitige (ausgeheilte) Pendelstangen nach beiderseitigem Rosenstockbruch bei einem Rothirsch (nach Kießling).

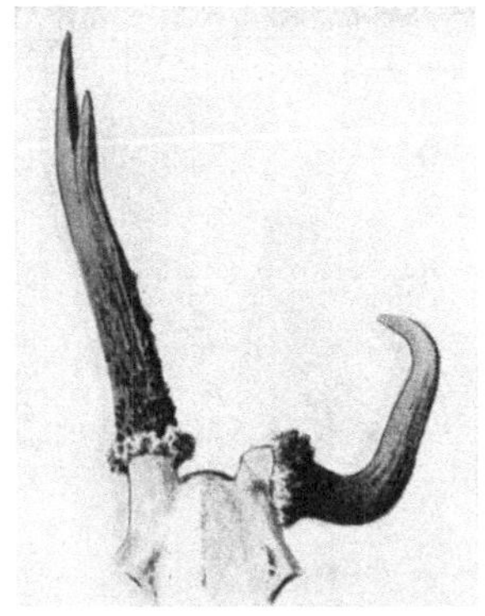

Abb. 16. Linksseitige Stangenverkrümmung nach ausgeheiltem Rosenstockbruch (nach von Raesfeld).

die nur noch durch die Decke gehaltene Stange der Schwerkraft folgend nach abwärts und pendelt bei jeder Bewegung des Bockes hin und her. Sie wird zur *„Pendelstange"*. Durch diese fortwährenden Bewegungen wird die Kallusbildung und damit die knöcherne Verwachsung der beiden Bruchenden behindert. Es bildet sich zwischen diesen ein Scheingelenk aus. Ist hingegen der Zusammenhang zwischen den Bruchenden durch die nicht durchrissene Knochenhaut noch verhältnismäßig fest, so daß die herabhängende Stange nur ganz geringfügig pendelt, so kann es zu einer festen Verwachsung

24

der Bruchenden durch neugebildete Knochenmassen kommen. Die Stange wird in ihrer ungewöhnlichen Lage fixiert und dürfte in diesem Zustand auch nicht mehr als echte, sondern höchstens als falsche Pendelstange bezeichnet werden.

Erfolgt der Rosenstockbruch zu einer Zeit, wo die Stange schon fertig gebildet und verfegt ist, so wird die Pendelstange keine Formveränderung erleiden und sich von der Stange der unverletzten Seite nur durch ihre ungewöhnliche Stellung unterscheiden. Anders aber, wenn der Bruch zur Zeit des noch

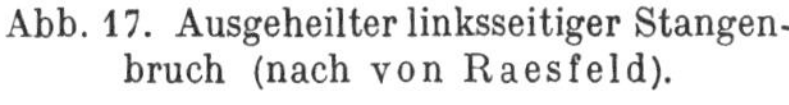

Abb. 17. Ausgeheilter linksseitiger Stangenbruch (nach von Raesfeld).

Abb. 18. Notsprossenbildung als Folge eines Stangenbruches (nach von Raesfeld).

wachsenden Geweihes, des Bastgeweihes, erfolgt ist. Hier können an der Pendelstange hochgradige Formveränderungen eintreten. Schon durch die abnorme Lage, in die sich die Stange nach der Verletzung einstellt, wird ihr Wachstum beeinflußt. Dazu kommen noch Kreislaufstörungen (Stauungen in der herabhängenden Stange, Blutergüsse aus zerrissenen Gefäßen), die gewöhnlich zu kolbiger Verdickung des Stangenendes führen (Abb. 15).

Nach ausgeheiltem Rosenstockbruch kann die Pendelstange rechtzeitig abgeworfen werden. Infolge der abnormen Stellung des Rosenstockes wird aber die auf ihm sich neubildende Stange eine abnorme Verbiegung erlangen, und zwar derart, daß sie in ihrem basalen Teil in der Verlängerung der Rosenstockachse mehr nach abwärts vorwächst, während die Spitze der allgemeinen Neigung der Enden emporzuwachsen folgt und sich mehr aufrichtet (Abb. 16).

Verletzungen des Bastgeweihes können zu den verschiedensten Mißbildungen führen. Solange die Stange sich noch im Wachstum befindet, heilen Stangenbrüche aus. Nur kommt es dabei durch Verschiebung des oberen Bruchstückes gewöhnlich zu einer Stangenknickung, während die Enden nach oben vorwachsen (Abb. 17). Wird bei einem Stangenbruch das Knochenbildungsgewebe zerfetzt, so kann jedes Fragment desselben der Ausgangspunkt einer neuen Stange oder Sprosses werden. Es kommt dann zur Bildung von mitunter zahlreichen „*Notstangen*" oder „*Notsprossen*" (Abb. 18).

Normaler Geweihwechsel.

Eine Gruppe für sich bilden die Abnormitäten, die als Folgezustände gestörten Geweihwechsels aufzufassen sind. Zum näheren Verständnis muß hier auf den normalen Geweihwechsel eingegangen werden (Abb. 19). Wenn beim Rehbock im Frühjahr durch das Fegen der Bast, d. h. die Decke (äußere Haut) samt der seiner tiefsten Schicht anliegenden Knochenhaut abgescheuert worden ist, liegen nur noch die aus echtem Knochengewebe bestehenden nackten Stangen vor. Da die Haupternährungsgefäße für die Stangen in der Knochenhaut verlaufen, so müssen die Stangen nach Entfernung der Knochenhaut absterben. Die Rosenstöcke hingegen bleiben dauernd von der Decke und Knochenhaut überzogen und sterben infolgedessen auch nicht ab. Zur Zeit des Geweihabwurfes sitzt demnach toter Knochen, die Stange, lebendem Knochen, dem Rosenstock, auf.

Nun sehen wir z. B. bei Knochenerkrankungen, daß toter Knochen abgestoßen wird. Und zwar wird an der Grenze zwischen lebendem und totem Knochen, aber noch im Bereiche des ersteren, in der sogenannten *Demarkationslinie*, Knochensubstanz solange abgebaut, bis der Zusammenhang zwischen

26

beiden vollständig gelöst ist und der abgestorbene Knochen abfällt.

Genau derselbe Vorgang tritt auch beim Stangenabwurf ein. Im oberen Drittel des Rosenstockes, somit noch im Bereiche des lebenden Knochens, bildet sich durch die Tätigkeit

Abb. 19. Schema des Gewichtelwechsels. Toter Knochen und Knochenhaut schwarz, lebender Knochen punktiert. a) Einjähriger Bock, Spießer (Sommer). b) Bildung der Demarkationsfurche (September). c) Abwerfen der Stange (Oktober). d) Überwucherung der Abwurffläche mit Bast (November). e) Schieben der neuen Stange (Dezember). f) Kolbenbildung (Jänner). g) Gabelstange noch mit Bast überzogen (März). h) Gabelstange gefegt (Sommer).

von Knochenfreßzellen (Osteoklasten) eine Demarkationsfurche aus, die sich mehr und mehr vertieft, bis schließlich die Stange nur noch durch eine schwache Knochenbrücke mit dem Rosenstock in Verbindung steht. Es genügt dann eine kleine Gewalteinwirkung, die Stange zum Abfallen zu bringen.

Mancher Jäger weiß zu erzählen, daß er im Herbst einmal einen Rehbock geschossen hat, der nach einer hohen Flucht zusammenbrach. Wie er sich dem verendeten Stück nähert, sieht er zu seinem Schrecken, daß es nicht auf hat und fürchtet schon, aus Versehen eine Geiß gestreckt zu haben. Bei näherem Zusehen ergab sich aber dann, daß es doch ein Bock war, der durch die Erschütterung beim Zusammenbrechen beide Stangen verloren, „abgeworfen", hat.

Da alljährlich beim Abwerfen ein kleines Stück vom Rosenstock verlorengeht, wird er mit zunehmendem Alter immer niedriger, zugleich aber durch Knochenanbau an der seitlichen Oberfläche alljährlich dicker. Bei ganz alten Böcken sitzen die Stangen nahezu unvermittelt dem Schädeldach auf.

Nach dem Abwerfen der Stange liegt am Rosenstock eine Knochenwunde vor, deren Heilung in derselben Weise vor sich geht wie an jeder anderen äußeren Wunde. Vom Wundrande aus schiebt sich die Decke über die Wundfläche vor und überhäutet sie vollständig. Da sich als tiefste Schicht in der Decke knochenbildendes (osteogenes) Gewebe befindet, so kommt dieses unmittelbar auf die Wundfläche zu liegen und beginnt nun gleich seine knochenbildende Tätigkeit. Zunächst bildet sich als Anlage der Rose und der basalen Stangenteile eine kolbenförmige Auftreibung, der *Kolben*. Durch anhaltende Knochenneubildung am jeweiligen Stangenende wächst die Stange weiter in die Höhe, und es bilden sich an ihr die Sprossen aus, bis das Geweih seine für die entsprechende Altersstufe endgültige Form und Größe erreicht hat. Dann wird das Geweih wieder verfegt. Der ganze Vorgang des Geweihwechsels, der sich von Jahr zu Jahr in gleicher Weise wiederholt, ist schematisch in Abb. 19 wiedergegeben.

Die normale Geweihbildung und der Geweihwechsel wird durch die innersekretorische (hormonale) Tätigkeit der Hoden geregelt. Im hohen Alter kann beim Rehbock der Geweihwechsel manchmal ganz aufhören, d. h. es wird das hochgradig zurückgesetzte Gewichtel nicht mehr abgeworfen, aber auch kein Anlauf zu einer neuen Geweihbildung genommen. Es bleibt das letzte Gewichtel bis zum Verenden des Bockes in unveränderter Form bestehen. Dieses Nichtabwerfen im hohen

Alter dürfte wohl auf die Herabsetzung oder das vollständige Aufhören der Hodentätigkeit im Verein mit der verminderten Lebenskraft der Gewebe zurückzuführen sein.

Doppelkopfbildungen.

Anders verhält es sich bei jüngeren Böcken. Werden hier die Stangen aus irgendeinem Grunde nicht rechtzeitig abgeworfen, so beginnt trotzdem zur gegebenen Zeit das knochenbildende Gewebe des Rosenstockes zu wuchern und neue Geweihmassen zu bilden. Es werden rings um die Basis der alten Stange Geweihmassen geschoben und so der Basalteil der Stange von diesen umwallt. Inzwischen kann die Ablösung der alten Stange vom Rosenstock erfolgen. Ist aber die Umwallung sehr innig, so wird die alte Stange infolge ihrer mehr konischen Form von der neugebildeten Geweihlade am Ausfallen gehindert und wird als loses, wackelndes Gebilde in dieser eingekeilt bleiben (Abb. 20, 1 a und 2 a). In diesem Falle spricht man mit Recht von einem *Doppelkopf*, da ja die Geweihmassen von zwei Jahrgängen gleichzeitig vorhanden sind. Erfolgt aber keine vollständige Einkeilung der alten Stange, so kann diese früher oder später ausfallen. Dann sind aber nur noch die Geweihmassen eines — und zwar des letzten — Jahrganges vorhanden, und man darf streng genommen nur von den Folgen einer Doppelköpfigkeit sprechen.

Je nach dem Zeitpunkt, in dem die alte Stange abfällt, kann nun zweierlei eintreten. Erfolgt das Abwerfen der alten Stange zu einer Zeit, in der die neuen Geweihmassen schon fertig gebildet und verfegt sind, dann werden an der Abwurfstelle keine weiteren Veränderungen vor sich gehen. Sie bleibt erhalten und erscheint ringsum von den neugebildeten Geweihmassen umgeben (Abb. 20, 1 b und 2 b). Fällt hingegen die alte Stange schon zu einer Zeit ab, in der das neue Geweih noch geschoben wird, dann kann das osteogene Gewebe auch noch die Abwurfstelle überwuchern und auf ihr neue Geweihmassen bilden (Abb. 20, 1 c und 2 c).

Die Doppelköpfigkeit wird auch je nach dem Alter des betreffenden Bockes zu verschiedenen Formen führen. Bekanntlich setzt schon der Kitzbock im Herbst des ersten Kalenderjahres ein kleines Geweih auf. Dieses als Knöpfchen bezeichnete Erstlingsgeweih erreicht eine Länge bis zu 2 cm und ist bald mehr kegelförmig, bald auch unregelmäßig höckerig gestaltet. In Ausnahmefällen kann auch ein Kitzbock schon im ersten Sommer höhere Spieße, ja sogar kleine Sechserstangen schieben, die, wenn sie nicht rechtzeitig abgeworfen werden, die Bildung eines neuen Gewichtels wesentlich behindern. In der Regel wirft der Kitzbock gegen Anfang des folgenden Kalenderjahres das Erstlingsgeweih ab, um dann das zweite

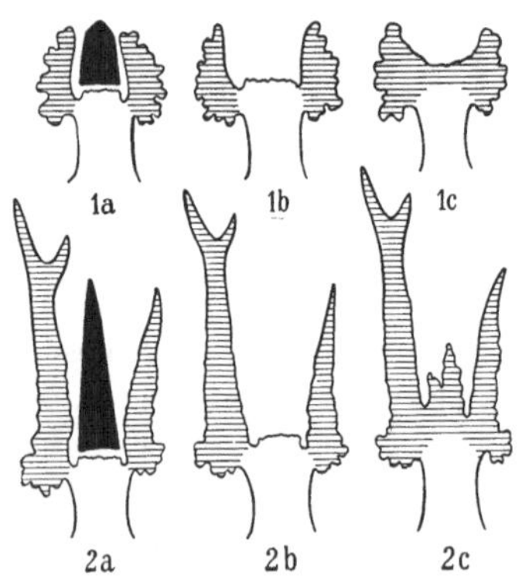

Abb. 20. Schema der Doppelkopfbildungen beim Rehbock. Alte Geweihmassen schwarz, neue Geweihmassen schraffiert. 1. Einjährige Böcke: a) das Erstlingsgeweih von neuen Geweihmassen umwuchert; b) das Erstlingsgeweih abgeworfen; c) das Erstlingsgeweih abgeworfen und die Abwurffläche von neuen Geweihmassen überwuchert.

2. Zweijährige Böcke: a) im Umkreis des alten Spießes neugebildete Stangen; b) der alte Spieß abgeworfen, in der Umgebung der Abwurffläche neugebildete Stangen; c) die Abwurffläche wurde von osteogenem Gewebe überwuchert, aus dem sich neue Stangen gebildet haben.

Geweih in Form eines Spießes aufzusetzen. Da der einjährige Bock im allgemeinen bedeutend weniger Geweihmasse zu bilden imstande ist als etwa der zwei- oder dreijährige, so wird beim Nichtabwerfen des Knöpfchens ein Doppelkopf entstehen, der sich in der Bildung eines Perlenkranzes, einer gewucherten Rose, um das Erstlingsgeweih erschöpft (Abb. 20, 1 a). Wird das Knöpfchen zu einer Zeit abgeworfen, wo die neue Rose schon fertig gebildet und verfegt ist, dann bleibt die Abwurfstelle unverändert bestehen (Abb. 20, 1 b). Ist das Knöpfchen aber schon früher abgefallen, somit zu einer Zeit, wo die Perlen des zweiten Geweihes noch in Bildung begriffen und mit Bast überzogen sind, dann wird das osteogene Gewebe auf die Abwurfstelle überwuchern und auch auf dieser etwas neue Geweihmasse bilden können. Es reicht aber die geweihbildende Kraft nicht aus, um eine oder gar mehrere Stangen hervorzubringen. Die Folge der Doppelköpfigkeit wird im letzteren Falle ein napf- bis becherförmiges mit Perlen besetztes Gebilde sein (Abb. 20, 1 c und 21).

Natürlich wird es sich im Einzelfall an der Geweihbildung allein nicht immer mit Sicherheit entscheiden lassen, ob es sich um einen Doppelkopf handelt, der auf das nicht rechtzeitige Abwerfen eines Kitzbockes oder eines Knopfspießers zurückzuführen ist; denn schließlich hat ja auch ein Knopfspießer oft nicht besser auf als ein Kitzbock. Im allgemeinen wird sich aber ein Doppelkopf, der dadurch entstanden ist, daß ein Spießer (oder Gabler) nicht rechtzeitig abgeworfen hat, dadurch kennzeichnen, daß die neugebildeten Geweihmassen schon viel mächtiger sind. Hier wird das neue Geweih nicht nur in Form einer Rose, die die alte Stange umschließt, auftreten, sondern es wird auch zur Bildung einer oder mehrerer neuer Stangen gekommen sein, die sich aus der neuen Rose im Umkreis der alten Stange oder Abwurffläche erheben (Abb. 20, 2 a, 2 b und 22).

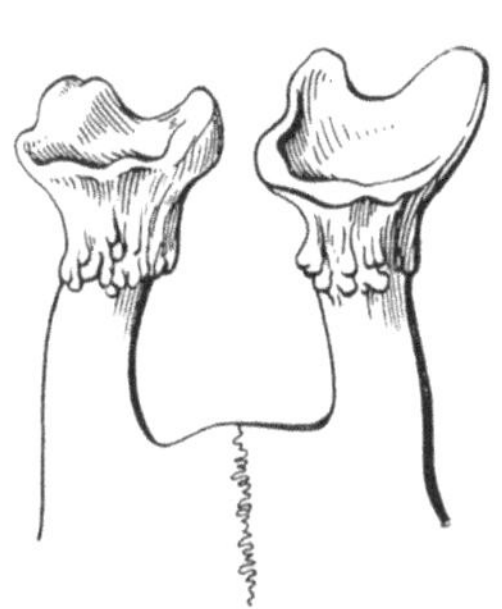

Abb. 21. Bechergewichtel als Folge einer Doppelköpfigkeit.

Ein Beispiel hierfür zeigt auch Abb. 23. Es handelt sich dabei um einen wahrscheinlich zweijährigen, einseitigen Doppelkopf, bei dem das alte nur 3 cm hohe Spießchen wackelnd in die Basis einer gut ausgebildeten Sechserstange eingekeilt ist. Dieser Fall erscheint mir deshalb als besonders bemerkenswert, weil er beweist, daß ein elend aufhabender Spießer im nächsten Jahr sich schon zum guten Sechserbock entwickeln kann. Daher erscheint es auch fraglich, ob der Abschuß eines jeden Knopfspießers hegerisch zweckmäßig ist.

Erfolgt das Abwerfen der alten Stange bei einem zwei- oder mehrjährigen Doppelkopf noch während des Wachstums des neuen Geweihes, so kann natürlich auch hier das osteogene Gewebe die Abwurffläche überwuchern. Die geweihbildende

Kraft dieses Gewebes wird sich aber nicht darauf beschrän-
ken, einen mehr oder weniger glatten Überzug von neuer Geweihmasse auf der Abwurffläche zu erzeugen, sondern es können sich aus letzterer auch größere Auswüchse in Form von
stangenartigen Bildungen erheben. Das Ergebnis wäre dann
ein mehrstangiges Geweih, dessen Stangen nicht tulpenförmig,
d. h. nicht nur randständig um die alte Abwurffläche angeordnet sind (Abb. 20, 2 c). Hierher dürfte das in Abb. 24 wie-

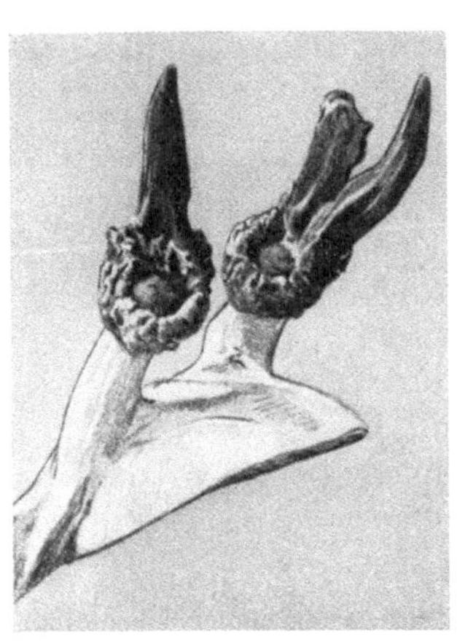

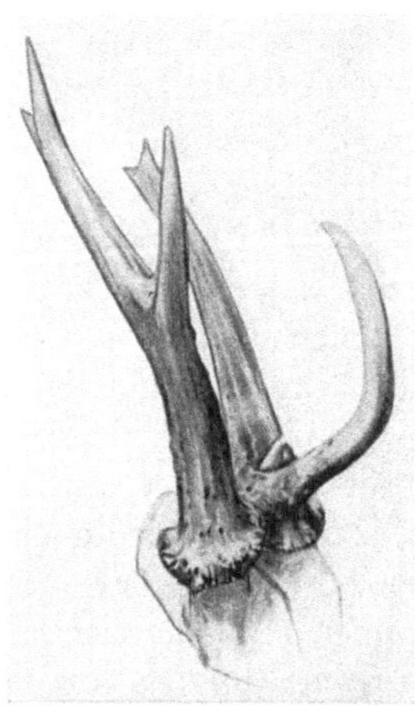

Abb. 22. Folgen der Doppelköpfigkeit bei einem wahrscheinlich zweijährigen Bock (nach von Raesfeld).

Abb. 23. Linksseitiger Doppelkopf bei einem zweijährigen Bock (nach von Raesfeld).

dergegebene Gewichtel gehören, das auf jeder Seite 4 Stangen, wie die gespreizten Finger einer Hand, zeigt. Somit erscheint die Annahme berechtigt, daß Mehrstangigkeit nicht
immer, wie bisher angenommen wurde, die Folge einer Kol-
benverletzung sein muß, sondern daß sie auch die Folge von
Doppelköpfigkeit sein kann. Freilich wird im Einzelfall die
Entstehungsursache der Mehrstangigkeit nicht jedesmal mit
Sicherheit zu erschließen sein.

Über die Ursachen des nicht rechtzeitigen Abwerfens, das ja
die Doppelköpfigkeit zur Folge hat, kann nichts Bestimmtes
ausgesagt werden. Es wäre zunächst daran zu denken, daß die

Verzögerung des Abwerfens auf einer (vielleicht vorübergehenden) Störung der normalen Hodentätigkeit beruht. Daß

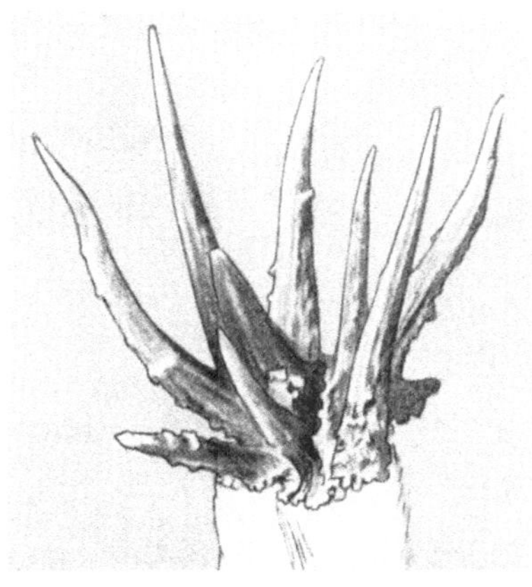

Abb. 24. Vielstangigkeit wahrscheinlich als Folge von Doppelköpfigkeit (nach von Raesfeld).

aber auch schwere Verletzungen, die zu einer Schwächung des Gesamtorganismus führen, ein Nichtabwerfen und somit eineDoppelköpfigkeit verursachen können, ist erwiesen. Schließlich dürften auch geringfügige Störungen zur Zeit des Abwerfens, z. B. eine zu wenig tief eingreifende Demarkationsfurche oder eine zu widerstandsfähige Knochenbrücke zwischen Rosenstock und Stange, ja vielleicht auch nur das Ausbleiben einer stärkeren Gewalteinwirkung auf die Stangen, das Abwerfen verhindern. Waren diese Störungen aber nur vorübergehender Natur, so ist an-

Abb. 25. Abwurf eines Hirsches mit Geweihmassen aus drei Jahrgängen (nach von Raesfeld).

zunehmen, daß im nächsten Jahr der Doppelkopf abgeworfen und ein dem Alter entsprechendes normales Geweih aufgesetzt wird. Daß tatsächlich ein Doppelkopf abgeworfen werden kann, geht aus dem in Abb. 25 wiedergegebenen Abwurf hervor, der sogar die Geweihbildungen von 3 Jahrgängen umfaßt und somit als „Dreifachkopf" bezeichnet werden müßte.

Perückengeweihe.

Die für seinen Träger verhängnisvollste Abnormität ist die *Perücke* oder *Bischofsmütze,* weil sie früher oder später zum Tode führt. Zur Zeit der Raritätenwut war die Erlegung eines Perückenbockes wohl der sehnlichste Wunsch eines jeden Jägers. Heute, wo wir die Entstehungsursache der Perücke kennen, hat sie wesentlich von ihrem Nimbus verloren. Wir sehen in ihr nur noch ein krankhaftes Gebilde, das den Jäger verpflichtet, den Perückenträger sobald als möglich zu erlegen, um ihn vor einem qualvollen Ende zu bewahren.

Die Perücke stellt ein ungesetzmäßig und hemmungslos wucherndes Geweih dar, das niemals verfegt und auch nicht abgeworfen wird. Die Geweihmassen zeigen nur mangelhafte Verkalkung und erreichen daher nicht den Härtegrad normaler Knochen. Die Form der Perücke kann sehr verschieden sein. Vielfach finden sich an ihr pendelnde,

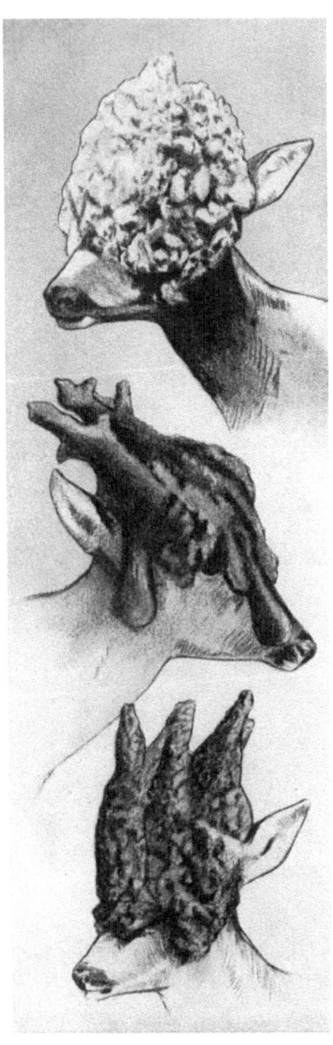

Abb. 26. Perückengeweihe vom Rehbock (nach von Raesfeld).

mit Bast überzogene Anhänge, „Locken", die die Lichter verdecken können, so daß der Bock erblindet und verhungert (Abb. 26). Aber auch auf andere Weise kann der Perückenbock zugrunde gehen, was gewöhnlich spätestens innerhalb von zwei Jahren der Fall sein soll. Dem Bock ist begreiflicherweise das Gewächs am Kopf lästig. Er sucht es durch Schlagen und Fegen zu entfernen, wobei es zu zahlreichen Verletzungen des Bastes, zu massenhafter Ansiedlung von Fliegenmaden und zu Infektionen kommt, die schließlich zum kläglichen Ende führen.

Beim Rothirsch kommt es viel seltener zur Perückenbildung als beim Rehbock. Sie erscheint hier auch nicht als so mächtige, unförmliche Wucherung, sondern beschränkt sich auf mit Bast überzogene unregelmäßige Auswüchse, die zu klobiger Verdickung der Stangen führen (Abb. 27).

Es ist experimentell erwiesen, daß die Perückenbildung durch den Ausfall der Hodentätigkeit zustande kommt. Kastrations-

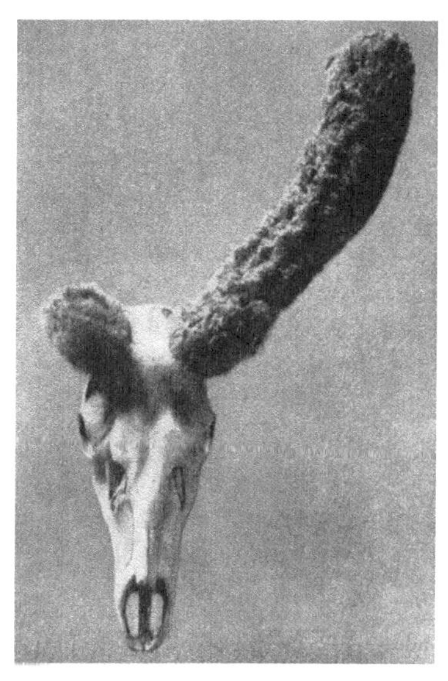

Abb. 27. Perückenbildung beim Rothirsch (nach von Raesfeld).

versuche an Rehböcken haben nämlich folgendes ergeben:

1. Vollständige Kastration von jungen Kitzböcken, bei denen noch kein Rosenstock vorhanden ist, hat höchstwahrscheinlich dauernde Geweihlosigkeit zur Folge. Ist der Rosenstock schon entwickelt, ohne daß aber bereits eine Geweihanlage vorhanden ist, so kommt es zu kleinen, knollenförmigen Perücken, die nicht abgeworfen, sondern zeitlebens getragen werden.

2. Erfolgt die Kastration bei älteren Böcken zur Zeit des

(im Baste befindlichen) Kolbengeweihes, so entwickelt sich dieses zur Perücke.

3. Ist zur Zeit der Kastration das Geweih schon gefegt oder wenigstens die Verknöcherung schon abgeschlossen, so wird es innerhalb der nächsten Wochen abgeworfen, neu geschoben und zur Perücke entwickelt.

4. Einseitige Kastration hat sich wirkungslos auf die Geweihbildung erwiesen.

Jedenfalls ergibt sich aus diesen Versuchen der regulatorische Einfluß der Hoden auf die Geweihbildung. Daß nach beiderseitiger Kastration das schon gefegte Geweih unzeitig abgeworfen wird und sich dann ein Perückengeweih bildet, das unbegrenzt weiterwächst und auch nicht mehr gewechselt wird, spricht dafür, daß der jährliche Zyklus der Geweihbildung von den Hoden aus gesteuert wird. Dem Hoden kommt nicht nur die Aufgabe zu, die männlichen Geschlechtszellen, die Samenfäden, zu bilden, sondern außerdem, und unabhängig davon, die weitere Aufgabe, Reizstoffe (Hormone) abzusondern. Man kann demnach am Hoden in funktioneller Hinsicht zwei verschiedene Anteile unterscheiden: den generativen und den hormonalen.

Das Hormon des Hodens, das männliche Sexualhormon, gelangt so wie andere Hormone direkt in die Blutbahn und wird auf dieser anderen Organen zugeführt, auf die es sich in bestimmter Richtung auswirkt. So wissen wir, daß das Sexualhormon die Ausbildung der sekundären Geschlechtsmerkmale beeinflußt. Nach der Kastration kann natürlich kein Sexualhormon mehr geliefert werden, und es fehlt daher auch der Regulator für das Geweihwachstum und den Geweihwechsel.

Nicht allzu selten kommen in freier Wildbahn Böcke mit ganz kleinen, nur bohnengroßen Hoden vor, die dann gewöhnlich nicht im Hodensack liegen, sondern irgendwo in der Bauchhöhle oder Bauchwand steckengeblieben sind. Man spricht dann von Kryptorchismus. Trotz der rudimentären Hoden kann aber ein derartigen Bock ganz normal aufhaben und abwerfen. Die Kleinheit der Hoden ist in solchen Fällen auf das Fehlen des generativen Anteiles zurückzuführen, während der hormonale Anteil funktionstüchtig vorhanden ist.

Auch der umgekehrte Fall ist möglich. Es können bei einem Perückenbock beide Brunftkugeln vorhanden sein, die sich äußerlich höchstens durch geringere Größe von normalen Hoden unterscheiden. In derartigen Fällen ist anzunehmen, daß der hormonale Anteil fehlt, während der generative vorhanden ist. Nicht jede perückenartige Bildung muß unbedingt durch den Ausfall der Hodentätigkeit verursacht sein. Auch vielfache Verletzungen des Kolbengeweihes können zu ähnlichen Wucherungen führen.

Die Bedeutung von Gehörn und Geweih.

Fragt man einen Jäger, welche Bedeutung der Gemskrucke, dem Hirschgeweih und dem Rehgewichtel zukommt, so wird er ohne Bedenken antworten: „Natürlich handelt es sich um *Waffen*, die hauptsächlich zum Ausfechten der Brunftkämpfe benützt werden, um den Rivalen zu verjagen oder unschädlich zu machen." Tatsächlich kann man zur Brunftzeit leicht Zeuge davon sein, daß sowohl Geweih als auch Gehörn in diesem Sinne verwendet werden. Eine andere Frage ist aber die, ob diese Gebilde zweckmäßig eingerichtete Waffen sind und ob ihnen daneben nicht noch eine andere Bedeutung zukommt.

Betrachten wir einmal die Gemskrucke. Geht der Gemsbock zum Angriff über, so muß er infolge der Krümmung der Krucken das Haupt stark senken und unter dem Gegner vorschieben. Erst dann kann er ihn durch plötzliches Zurückreißen des Hauptes gefährlich verletzen. Wären die Krucken nur Angriffswaffen, so würden sie in Form von geraden Spießen viel besser diesem Zwecke dienen.

Nun wissen wir aber, daß das Gemswild ganz besonders dem Steinschlag ausgesetzt ist und ihm auch vielfach zum Opfer fällt. Daß ein Stein besonders gefährlich wird, wenn er das Haupt trifft, ist selbstverständlich, und daher ist es zweckmäßig, wenn vor allem das Haupt gegen Steinschlag geschützt erscheint. Vergleichen wir das Schädeldach der Gemse mit dem

des Rehbockes oder Hirsches, so sehen wir, daß es viel dünner
und infolgedessen elastischer ist. Die Krucken sitzen somit
federnd dem Schädel auf. Infolge der Krümmung der Krucken
wird außerdem die Wucht eines fallenden Steines nie senkrecht auf das Schädeldach einwirken, sondern mehr oder weniger seitlich abgelenkt werden. Somit sehe ich in der Krucke
nicht nur eine Waffe, sondern daneben einen *wirksamen
Schutz gegen Steinschlag.*

Auch die Stangen des Hirsch- und Rehgeweihes wären
wirkungsvollere Waffen, wenn sie nur aus einem spitzen,
unverzweigten Spieß beständen. Je
wuchtiger und reicher verzweigt das
Geweih wird, um so weniger geeignet erscheint es wenigstens zur
Angriffswaffe. Das wissen ja auch
die Jäger, wie aus der Bezeichnung
„Mörder" (Schadhirsche) für ältere
Hirsche oder Rehböcke, die nur mit
Spießen bewaffnet sind, zur Genüge
hervorgeht. Ein derartiges Geweih
kommt einmal als Jugendform, als
erste Geweihstufe, vor. Hier wird
man aber nicht von Mördern sprechen, denn ein einjähriger Hirsch
oder Rehbock wird sich überhaupt

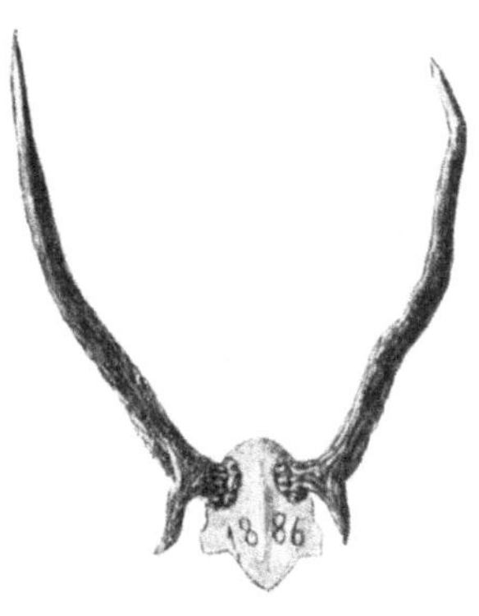

Abb. 28. Mörder oder Schad-
hirsch (nach Kießling).

kaum auf einen Kampf einlassen. Es kann aber ein Spießerge-
weih auch bei älteren Stücken als abweichende und sich ver-
erbende Form und ebenso als zurückgesetzte Altersform auftreten (Abb. 28). In beiden letzteren Fällen spricht man mit
Recht von einem *Mördergeweih.* Würde das Geweih nur als
Waffe dienen, so dürfte wohl diese Geweihform zeitlebens beibehalten werden.

Es sind verschiedene Theorien aufgestellt worden, die, abgesehen vom Kampfwert, der Bedeutung des Geweihes ge-
recht zu werden versuchen. Gegen eine rein mechanische Bedeutung des Geweihes, etwa zum Wegschaufeln des Schnees
und dadurch zur Freilegung der Äsung im tiefen Winter,
spricht die Erfahrung. Vielleicht mit Ausnahme vom Rentier

38

geschieht das wohl immer hauptsächlich durch Ausschlagen mit den Vorderläufen.

Oft hört man in Jägerkreisen für das Geweih den Ausdruck *Hauptschmuck*. In dieser Bezeichnung liegt aber schon der Gedanke, daß das Geweih als Zier aufzufassen ist, die nicht nur den Jäger beeindruckt, sondern auch das Weibchen, und es zur Zeit der Brunft willfährig macht. Nun wissen wir aber nichts vom Schönheitsempfinden der Tiere, und es ist nicht anzunehmen, daß in dieser Hinsicht der Geschmack des Menschen mit dem eines Hirschtieres oder einer Rehgeiß übereinstimmt.

Es wird wohl niemand behaupten, daß das übermächtig seit-

Abb. 29. Schädel des Riesenhirsches (nach Kießling).

lich ausladende Schaufelgeweih des diluvialen Riesenhirsches (Abb. 29) eine zweckmäßige Kampfwaffe darstellt. Ja, es muß bei seinen riesigen Ausmaßen dem Träger recht hinderlich gewesen sein. Jedenfalls mußte der Riesenhirsch den Wald meiden, um sich nicht im Holz zu verfangen. Vielleicht war es sogar das unförmliche Geweih, das beim Vordringen des Waldes über die Steppe zum Aussterben des Riesenhirsches geführt hat. Diese Erwägung führte zur Annahme, daß die mächtig entwickelten Hirschgeweihe *Luxusbildungen* darstellen, d. h. Bildungen, die für die Erhaltung der Art zwar zwecklos, aber zunächst noch ohne Schaden tragbar sind. Geht aber die Entwicklung, einem Gesetz der Trägheit folgend, immer weiter, so kann eine Luxusbildung über den Grad der Tragbarkeit hinausschießen wie eine Maschine, die sich nicht abstoppen läßt.

Schließlich wurde die Theorie aufgestellt — und diese
dürfte auch nach meiner Ansicht das Richtige treffen —, daß
das starke und komplizierte Geweih als *Schreckwaffe* dient.
Das stärkere Geweih eines Hirsches wirkt auf den Gegner, der
sich eines schwächeren Geweihes bewußt ist, abschreckend.
Für diese Auffassung spricht auch die Beobachtung, daß geringe Hirsche an der Futterstelle ihren älteren Kameraden
respektvoll ausweichen. Haben aber die stärkeren abgeworfen,
dagegen die mittelstarken und schwachen Hirsche noch auf,
so werden die letzteren frech.

Altersbestimmung beim Wild.

In bezug auf das Alter des Wildes gehen die Wünsche der
Köchin und die des Jägers wesentlich auseinander. Hier gilt:
Dem Jäger zur Freud, der Köchin zum Leid! Und umgekehrt.
Die Köchin zieht junges Wild, der Jäger hingegen — voraus-
gesetzt, daß er den Braten nicht selbst essen muß — altes
Wild vor. Namentlich beim Schalenwild und den Waldhühnern empfindet es der weidgerechte Jäger als Schande,
einen hoffnungsvollen Jüngling zu strecken. Er wartet mit
der Erlegung lieber, bis dieser in bezug auf die Nachkommen-
schaft seine Pflicht und Schuldigkeit getan, seine guten Eigenschaften vererbt und infolge vorgeschrittenen Alters an Zucht-
wert verloren hat. Auf diesem Standpunkte steht auch das
Reichsjagdgesetz.

Leider gibt es aber nicht einmal am erlegten Wilde durchaus verläßliche Anhaltspunkte, um das Alter rasch und halbwegs genau zu bestimmen. Eine Ausnahme hiervon macht
nur die Gemse.

Altersschätzung am lebenden Wild.

Von einer Alters*bestimmung* am lebenden Wilde kann überhaupt nicht die Rede sein. Der Jäger muß zufrieden sein,
wenn es ihm gelingt, das Alter nur ganz ungefähr ab-

zuschätzen. Selbst die Entscheidung, ob alt oder jung, ist nicht immer einwandfrei zu treffen.

In freier Wildbahn richtet sich beim Schalenwild der Blick des Jägers in erster Linie wohl immer auf den Hauptschmuck. Wie wir aber noch sehen werden, bietet weder Geweih noch Gehörn durchaus verläßliche Anhaltspunkte, um auf größere Entfernung das Alter abzuschätzen. Eher gelingt das bei gleichzeitiger Berücksichtigung der Größe (Stärke) des Stükkes. Ein starkes Stück mit guter Trophäe steht jedenfalls auf dem Höhepunkt des Lebens. Da aber im hohen Alter und auch bei Erkrankungen sowohl die Ausbildung des Geweihes (nicht aber die des Gehörns) als auch die Körperstärke wieder zurückgeht, so ist die Unterscheidung von jungen und ganz alten oder kranken Stücken beim geweihtragenden Wild oft recht schwierig.

Die Färbung kann bei manchen Wildarten gewisse Anhaltspunkte geben. Ein Ergrauen des Haarkleides tritt beim Wilde in viel geringerem Umfang ein als z. B. beim Menschen. Ein grauer Kopf gilt beim Rehbock als Zeichen höheren Alters. Es können aber schon junge Böcke ziemlich viel Grau am Kopfe haben. Der graue Kopf ist eher als Geschlechtsmerkmal zu werten, da die Geiß auch im hohen Alter nichts davon zeigt. Beim Gemsbock färbt sich im höheren Alter namentlich der gelbe Wangenfleck mehr grauweiß.

Das Verfärben (d. h. der Haarwechsel) tritt sowohl im Frühjahr als auch im Herbst im allgemeinen früher bei älteren als bei jüngeren Böcken ein. Es kann aber auch eine Erkrankung den Haarwechsel wesentlich hinausschieben. Ein Rehbock, der Mitte Juni noch nicht verfärbt hat, kann ebensogut ein gesunder junger wie ein kranker alter Bock sein. Ähnlich verhält es sich auch mit dem Geweihwechsel. Alte Böcke werfen im allgemeinen früher ab, setzen aber auch früher wieder auf. Doch kann beides wieder durch eine Erkrankung verzögert werden.

Die Stimme wird mit zunehmendem Alter tiefer und rauher, was beim Hirsch im Brunftschrei, beim Rehbock im Schrecken zum Ausdruck kommt. Schließlich spielt auch das Benehmen des Wildes eine Rolle bei der Altersschätzung. Jedem Jäger

ist die größere Vorsicht eines alten gewitzigten Bockes bekannt. Er tritt später am Abend aus und zieht früher am
Morgen wieder ein, wirft während des Äsens viel häufiger
auf, um seine Umgebung auf eine drohende Gefahr zu prüfen, und neigt mehr zum Einsiedlerleben. Alles in allem läßt
sich aber sagen, daß es verläßliche Anhaltspunkte für die
Altersschätzung beim Schalenwilde in freier Wildbahn überhaupt nicht gibt.

Altersbestimmung nach dem Knochenwachstum.

Von keiner Wildart wissen wir, in welchem Alter sie als
erwachsen anzusehen ist, obwohl das nicht allzu schwer festzustellen wäre. Als erwachsen darf ein Säugetier oder Vogel
gelten, sobald das Wachstum der langen Gliedmaßenknochen
aufgehört hat.

Jeder lange Röhrenknochen besteht, solange er wächst, aus
drei Stücken, dem langen Mittelstück (Diaphyse) und den
beiden kurzen Endstücken (Epiphysen). Die Endstücke sind
durch wuchernde Knorpelscheiben, die Fugenknorpel, mit
dem Mittelstück verbunden. Auf Kosten der Fugenknorpel
wächst das Mittelstück immer mehr in die Länge. Da hierbei
Verbrauch und Nachschub des Knorpels nicht gleichen Schritt
hält, so werden die Fugenknorpel dünner und dünner und
verschwinden mit der knöchernen Verschmelzung der drei
Knochenstücke vollständig. Damit hört aber auch das Längen-
wachstum des ganzen Knochens auf. Er erscheint nunmehr als
ein einheitliches Stück. Eine scharfe Abgrenzung der Endstücke vom Mittelstück ist nicht mehr möglich.

An einem vollständig von der Knochenhaut gereinigten oder
auch an einem der Länge nach durchsägten frischen Knochen
sind die Fugenknorpel ohne weiteres zu erkennen. Sie heben
sich durch ihre bläulich-weiße Färbung von dem mehr gelblichen Knochen scharf ab. Durch Mazeration oder durch genügend langes Auskochen löst sich der Fugenknorpel auf, und
der Knochen zerfällt in seine drei Teile.

Ist das Mittelstück im Inneren schon teilweise mit den
Endstücken knöchern verschmolzen, so bleibt auch nach der

Mazeration der Zusammenhang gewahrt. Nur sieht man an Stelle der Knorpelfuge eine mehr oder weniger tief eingreifende schmale Grenzspalte. Solange eine derartige „*Epiphysenfuge*" an einem der langen Röhrenknochen nachzuweisen ist, hat das Knochenwachstum und somit das Wachstum des betreffenden Tieres noch nicht vollständig aufgehört. Abb. 3o zeigt das obere Ende des Schienbeins eines vierjährigen Gemsbockes. Da noch deutlich die Epiphysenfuge in Form eines ringsum laufenden Spaltes zu erkennen ist, so war dieser Bock noch nicht vollständig erwachsen.

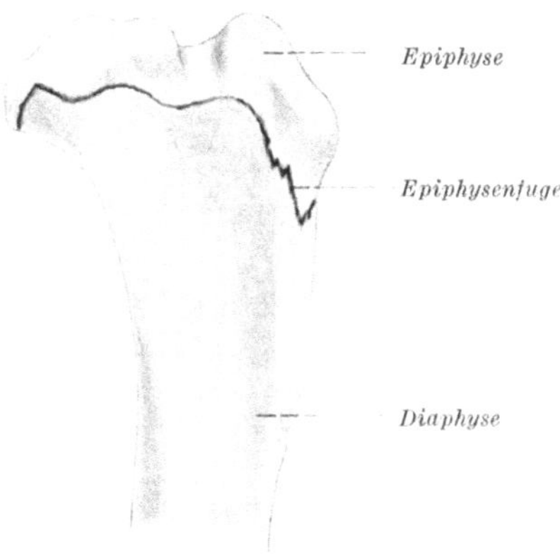

Abb. 30. Oberes Schienbeinende eines vierjährigen Gemsbockes (²/₃ nat. Gr.).

In die Jägerpraxis hat bisher die Epiphysenverschmelzung nur zur Altersschätzung beim Hasen Eingang gefunden. Will sich der Jäger aus der Strecke einen Junghasen für die Küche auswählen, so tastet er die Außenseite des Vorderlaufes in der Richtung von oben nach unten ab. Fühlt er knapp ober dem Handgelenk einen Knochenvorsprung, so beweist ihm dieses „*Strohsche Zeichen*", daß es sich um einen Junghasen handelt. Es ist das ein viel verläßlicherer Anhaltspunkt für die Jugend des Hasen als die leichte Einreißbarkeit des Löffels oder die leichte Eindrückbarkeit des Tränenbeins, die zum selben Zweck verwertet werden.

Welcher anatomische Befund liegt nun diesem S t r o h schen
Zeichen zugrunde? Legt man das Unterarm- und Handskelett
eines Junghasen frei (Abb. 31), so zeigt sich, daß die Endstücke von Elle und Speiche noch nicht mit den Mittelstücken
verschmolzen sind. Die einander zugewendeten Enden der
Mittel- und Endstücke erscheinen verdickt, so daß in der Epi-

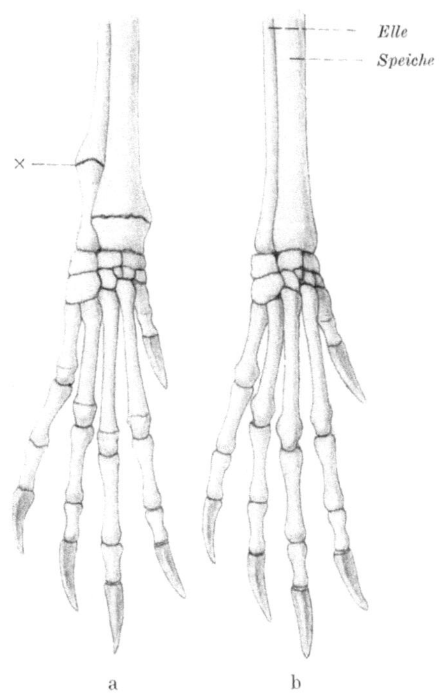

Abb. 31. Rechte Vorderpfote a) vom jungen, b) vom alten Hasen.

physenfuge ein Vorsprung (bei X) entsteht. Und dieser Vorsprung ist es, den man beim Abtasten auch durch den Balg
hindurch deutlich spürt. Mit der knöchernen Verschmelzung
der Epiphyse verschwindet auch der Vorsprung. Das ist der
Fall beim annähernd einjährigen Hasen. In diesem Alter kann
somit der Hase als erwachsen gelten. Da die Schußzeit für
Hasen gesetzlich mit 15. Jänner endet, so wird jeder erlegte

44

heuerige Hase das Strohsche Zeichen zeigen, jeder Althase es vermissen lassen.

Es wäre eine dankbare Aufgabe, auch bei anderen Wildarten zu ermitteln, wann sie erwachsen sind. An markierten Stücken, deren Alter somit genau bekannt ist, wäre dies aus dem Zeitpunkt der Epiphysenverschmelzungen leicht möglich. Vermutlich würde man bei manchen Arten Überraschungen erleben. So wahrscheinlich auch beim Murmeltier. Dieser Winterschläfer verbringt mehr als das halbe Jahr im tiefen, scheintodähnlichen Schlaf. Während dieser Zeit sind alle Lebenserscheinungen auf ein Mindestmaß herabgesetzt, und es ist anzunehmen, daß auch das Wachstum stillsteht. Daher dürfte das Murmeltier zum Unterschied von anderen, nicht winterschlafenden Nagetieren, sehr lange (meiner Vermutung nach 5—6 Jahre!) brauchen, bis es erwachsen ist.

Vielfach wird als Altersmerkmal beim Reh die *Verschmelzung der Nähte* am Schädeldach angegeben. Nach meiner Erfahrung ist aber eine auch nur stellenweise auftretende vollkommene Nahtverschmelzung so selten, daß sie höchstens insofern verwertbar ist, als ein Stück, bei dem auch nur an einer Stelle eine Naht (hauptsächlich kommt die Stirnnaht in Betracht) unterbrochen ist, sicher als alt gelten kann. Gewöhnlich fehlen aber Nahtverschmelzungen (zum Unterschied vom Menschen) auch bei ganz alten Böcken vollkommen.

Anders verhält es sich allerdings mit den „Nähten" an der Schädelbasis, die diese Bezeichnung eigentlich nicht verdienen, sondern als Knorpelfugen zu werten sind. Diesen Fugen kommt dieselbe Bedeutung zu wie den Epiphysenfugen der langen Röhrenknochen. Solange sie noch vorhanden sind, wächst der Schädel auf Kosten des Fugenknorpels in die Länge, und erst bei vollständigem Verbrauch des Knorpels und der damit einhergehenden knöchernen Verschmelzung der Teilstücke hört dieses Wachstum auf.

Abb. 32 zeigt diese Fugen an der Schädelbasis des Rehes. Die hintere, die Keilbein-Hinterhauptfuge, verschwindet gewöhnlich schon beim Jahrling, die vordere, die Zwischenkeilbeinfuge, aber viel später, durchschnittlich etwa beim fünfjährigen Stück. Freilich scheint es viele Ausnahmen zu geben, so daß

der Grad der knöchernen Verschmelzung zwischen vorderem
und hinterem Keilbein nur mit einer gewissen Vorsicht zur
Altersschätzung zu verwerten ist.

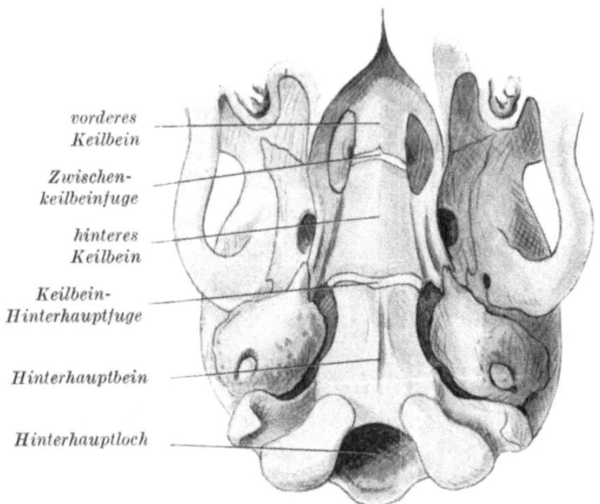

Abb. 32. Hinterer Abschnitt der Schädelbasis eines einjährigen Rehes mit
Knorpelfugen.

Altersbestimmung nach der Kehlkopfverknöcherung.

Das Gerüst des Kehlkopfes besteht bei allen Säugetieren
aus Knorpelstücken, die miteinander in gelenkiger Verbindung
stehen und dadurch bis zu einem gewissen Grad gegeneinander
verschiebbar sind. Die größeren von diesen Knorpeln sind:
Der Schild-, der Ring- und die beiden Gießbecken- oder Stell-
knorpel (Abb. 33).

Auch alle Skelettknochen (ausgenommen die des Schädel-
daches und des Gesichtes) sind ursprünglich knorpelig an-
gelegt. Im Laufe der Entwicklung wird der Knorpel abgebaut,
zerstört, und an seine Stelle tritt Knochengewebe, bis schließlich
das Knorpelskelett sich in das Knochenskelett verwandelt hat.

Einen ganz entsprechenden Verknöcherungsvorgang sehen
wir auch an den Kehlkopfknorpeln ablaufen. Während aber
die Verknöcherung des Skelettes schon lange vor der Geburt

46

einsetzt und, wie schon oben ausgeführt wurde, mit Vollendung des Körperwachstums ihren Abschluß findet, beginnt die Kehlkopfverknöcherung viel später und hat vielfach auch im hohen Alter noch nicht ihren Abschluß erreicht. Gerade deshalb lag der Gedanke nahe, die Verknöcherung der Kehlkopfknorpel zur Altersbestimmung heranzuziehen, da sie auch noch bei alten Tieren Erfolg versprach.

Am menschlichen Kehlkopf sehen wir, daß die Verknöcherung beim Mann im allgemeinen etwas früher einsetzt und einen höheren Grad erreicht als beim Weib. Die ersten Spuren der Verknöcherung sind bei Männern über 20, bei Weibern

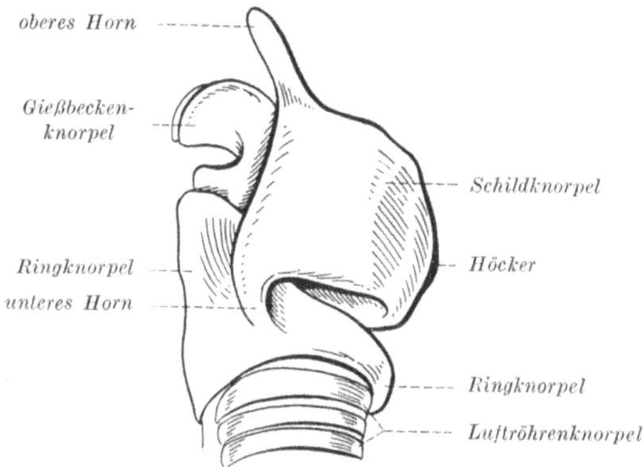

Abb. 33. Kehlkopfgerüst vom Reh in Seitenansicht.

über 22 Jahren, manchmal aber auch schon früher zu beobachten. Die Verknöcherung beginnt beim Menschen ziemlich gleichzeitig im Schild- und im Ringknorpel. Dann folgen die Gießbeckenknorpel und zuletzt die Knorpelringe der Luftröhre. Allerdings ist die Verknöcherung sowohl in bezug auf ihren Beginn als auch auf das weitere Fortschreiten im Einzelfall doch so wechselnd, daß sie beim Menschen zu einer genauen Altersbestimmung nicht verwertbar ist. Es lag aber der Gedanke nahe, daß bei einer wild lebenden Tierart der ganze Vorgang viel gesetzmäßiger abläuft, und daß die beim Menschen auftretenden Schwankungen durch die Domestikation und die ganz verschiedenen Lebensbedingungen, unter denen die einzelnen Menschen stehen, verursacht werden.

Die Verknöcherung der Kehlkopfknorpel verläuft ganz
ähnlich wie die der Skelettknochen. Gewöhnlich kommt es vor
der Knochenbildung zu einer Verkalkung des Knorpels. Dadurch wird der im unverkalkten Zustand bläulichweiße,
durchscheinende Knorpel mehr gelblichweiß, körnig und
spröder. Die eigentliche Verknöcherung wird damit eingeleitet,
daß in dem ursprünglich nahezu gefäßfreien Knorpel zahlreiche Blutgefäße einwachsen, die verkalkte Knorpelmasse
zerstört und an ihrer Stelle Knochensubstanz gebildet wird.
Niemals beginnt aber die Verkalkung und Verknöcherung
gleichzeitig im ganzen Knorpel, sondern sie nimmt ihren
Ausgangspunkt von ganz bestimmten umschriebenen Stellen,
den Knochenbildungsherden oder Knochenpunkten. Diese
wachsen und verschmelzen weiterhin mit benachbarten Her-
den, bis schließlich der ganze Knorpel durch Knochensubstanz
ersetzt erscheint. Mit freiem Auge betrachtet, erkennt man die
Knochenpunkte am frischen Knorpel als bräunlichrote, un-
durchsichtige Flecken (sie erscheinen rot wegen ihres großen
Gefäßgehalts), die sich scharf vom weißen, durchscheinenden
Knorpel abheben. Dort, wo die Knochenbildung schon ihren
Abschluß erreicht hat, schwinden die Blutgefäße wieder teilweise, so daß ältere Knochenherde als gelbliche, von einer
bräunlichen Randzone umzogene Flecken erscheinen.

Um die Knochenherde zu sehen, ist es natürlich notwendig, die
Kehlkopfknorpel allseitig freizulegen, d. h. sie von den anhaf-
tenden Weichteilen (Muskulatur und Knorpelhaut) zu reinigen.

Für das Rehwild hat sich ergeben, daß die Verknöcherung
schon in den ersten Lebensmonaten, und zwar etwas früher
beim Bock als bei der Geiß im Schildknorpel beginnt, später
im Ringknorpel und am spätesten in den Gießbeckenknorpeln,
in denen sie aber auch im höchsten Alter keine weite Aus-
breitung erlangt. Weiterhin hat sich ergeben, daß die Verkalkung der Knorpel so unregelmäßig abläuft, daß sie zur
Altersbestimmung nicht herangezogen werden kann. Die Verknöcherung hingegen breitet sich, namentlich im Schildknorpel, mit fortschreitendem Alter ziemlich gesetzmäßig aus
(Abb. 34), so daß sie meines Erachtens zur ungefähren Altersbestimmung verwertbar ist.

48

Beim Rotwild scheint die Verknöcherung ganz ähnlich zu
verlaufen. Sie beginnt nahezu zur selben Zeit und in derselben
Reihenfolge, nur schreitet sie im allgemeinen langsamer fort
und erreicht auch nicht das Ausmaß wie beim Reh. Um so
mehr war ich überrascht, weder bei einem siebenjährigen
Gemsbock noch bei einer fünfzehnjährigen Gemsgeiß Spuren
einer Verknöcherung in den Kehlkopfknorpeln zu finden. Es

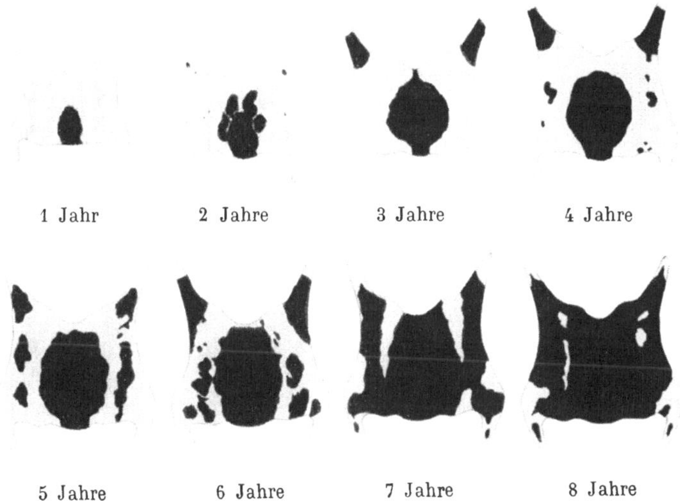

Abb. 34. Die mit dem Alter zunehmende Verknöcherung des Schildknorpels
beim Rehbock. Knochen schwarz, Knorpel holl.

scheint somit bei der Gemse überhaupt keine Verknöcherung
im Kehlkopf einzutreten.

Es wurde die Vermutung ausgesprochen, daß die fortschreitende Verknöcherung der Kehlkopfknorpel einen Einfluß auf
die Stimmbildung ausübt, so daß der tiefe Brunftschrei des
alten Rothirsches und das tiefere und rauhere Schrecken bei
älteren Rehen darauf zurückzuführen wäre.

Meiner Ansicht nach könnte der Grad der Verknöcherung
wohl einen Einfluß auf die Klangfarbe der Stimme, somit auf
deren Rauheit ausüben, kaum aber auf deren Tiefe, die in
erster Linie von der Länge der Stimmbänder abhängen muß.

Je länger die Stimmbänder, um so tiefer die Stimme. Die
Länge der Stimmbänder steht aber in unmittelbarem Zu-
sammenhang mit der Größe des Kehlkopfes. Je größer der
Kehlkopf, um so länger die Stimmbänder. Nun kann man sich
aber leicht davon überzeugen, daß beim einjährigen Bock
Schild- und Ringknorpel noch keineswegs ihre endgültige
Größe erreicht haben. Ja, mir scheint das Wachstum der
Kehlkopfknorpel wenigstens bis zum vierten Jahre anzuhalten
(Abb. 34). Auch das Gewicht des Schildknorpels nimmt bis
zum fünften Jahre zu.

Altersbestimmung nach dem Gebiß.

Diese Art der Altersbestimmung ist für Hirsch und Reh
nicht nur die am häufigsten geübte, sondern auch die noch
am ehesten zuverlässige. Deshalb wird auch nach dem Reichsjagdgesetz anläßlich der Trophäenschauen bei der Vorlage der
Hirschgeweihe und Rehgewichtel die Beigabe eines Unter-
kieferastes des betreffenden Stückes gefordert. Für die Altersbestimmung nach dem Gebiß kommen hauptsächlich der
Zahnwechsel und die Abnutzung der Zähne in Betracht.

Allgemeines über das Gebiß. Zahnwechsel.

Zum näheren Verständnis muß hier auf das Gebiß im allgemeinen kurz eingegangen werden. Alle für uns in Betracht
kommenden Wiederkäuer, das sind somit die Hirscharten,
das Reh und die Gemse, zeigen für das bleibende Gebiß folgende Zahnformel:

$$I \frac{0}{3}, \quad C \frac{0-1}{1}, \quad P \frac{3}{3}, \quad M \frac{3}{3}.$$

Diese Formel besagt, daß im ganzen 32—34 Zähne vorhanden
sind, daß die oberen Schneidezähne (Incisivi = I) ausnahms-
los fehlen, während im Unterkiefer jederseits drei Schneidezähne vorhanden sind, daß der Eckzahn (Caninus = C) oben
fehlt oder vorhanden sein kann, unten stets vorhanden ist, und

50

daß oben wie unten jederseits drei Backenzähne (Prämolaren
= P) und drei Mahlzähne (Molaren = M) vorkommen.

Betrachten wir Abb. 35, so sehen wir unten vier Vorderzähne, die gewöhnlich alle als Schneidezähne bezeichnet werden, und von diesen durch eine breite Lücke (Diastem) getrennt sechs Seitenzähne, die man gewöhnlich in ihrer Gesamtheit als Backenzähne bezeichnet. Tatsächlich hat aber der

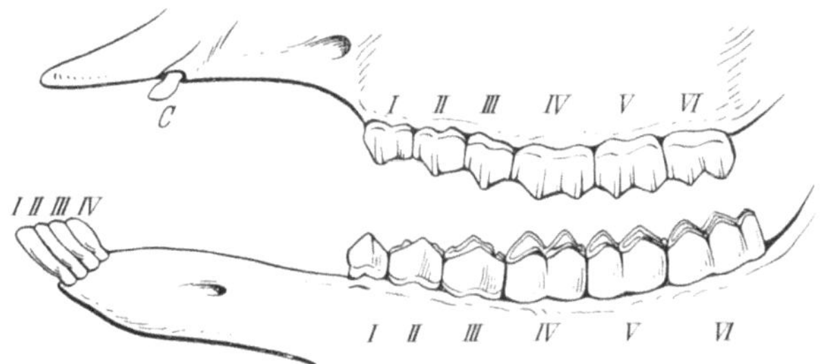

Abb. 35. Dauergebiß des Rothirsches (nach Schäff).

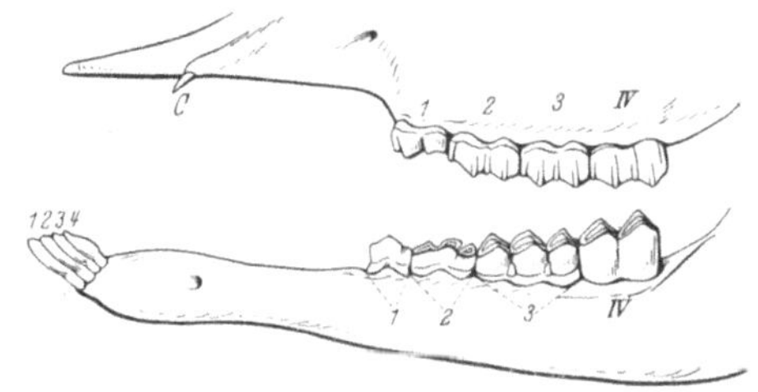

Abb. 36. Gebiß des Rothirsches im Alter von etwa 5 Monaten
(nach Schäff).

seitlichste Vorderzahn als nach vorn gerückter und schneide-
zahnähnlich gewordener Eckzahn zu gelten, und die drei vor-
deren Seitenzähne sind die mahlzahnähnlich gewordenen (mo-
lariformen) Backenzähne.

Im Oberkiefer sehen wir beim Rotwild den kurzen, stumpfen, rundlichen Eckzahn, das „Granel“ oder den „Haken“,
der beim Hirsch bedeutend stärker ist als beim Tier, sich mit
zunehmendem Alter mehr und mehr abschleift und eine dunk-
lere Färbung annimmt. Der Jäger schätzt die Hirschgraneln,

die er als Trophäe mit Vorliebe an die Uhrkette hängt oder zu
Schmuckgegenständen verarbeiten läßt, daher auch besonders
dann, wenn sie möglichst abgeschliffen und dunkelbraun sind.
Beim Reh finden sich Graneln, die aber immer mehr stift-
förmig sind, nur als seltene Ausnahme, etwa in 0,8% der
Fälle. Bei der Gemse scheinen Graneln überhaupt nie vorzukommen.

Vergleichen wir das Milchgebiß mit dem Dauergebiß, so
sehen wir, daß es keine Mahlzähne besitzt, daß es somit beim
Hirsch statt 34 Zähnen nur 22, bei Reh und Gemse wegen des
Fehlens der Haken statt 32 nur 20 Zähne zeigt. Die Milch-
zähne sind im allgemeinen kleiner als die Dauerzähne und

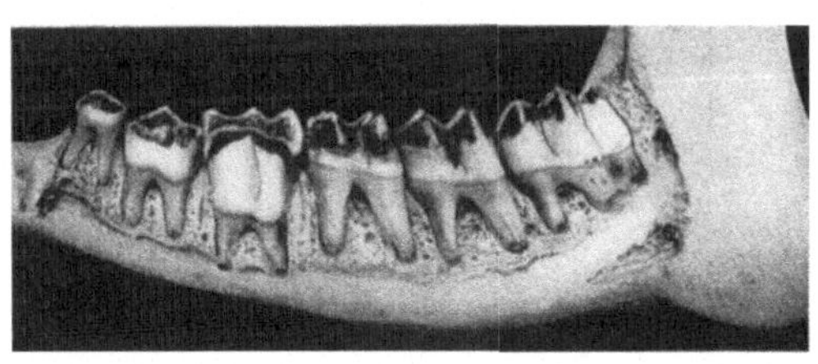

Abb. 37. Linke Unterkieferhälfte mit freigelegten Zahnwurzeln vom etwa
14 Monate alten Rehbock. Die in Ausstoßung begriffene dreiteilige Krone
des 3. Milchbackenzahnes sitzt als „Reiter" dem nachschiebenden einteiligen
Dauerzahn auf.

zeigen zum Teil auch etwas abweichende Formen. Besonders
auffällig ist dieser Unterschied am dritten unteren Backenzahn, der bei allen Wiederkäuern als Milchzahn dreiteilig, als
bleibender Zahn nur zwei- oder einteilig erscheint (Abb. 37).

Das Rotwildkalb besitzt unmittelbar nach der Geburt nur
die Milchvorderzähne. Im Laufe der ersten vier Wochen kommen die Milchhaken und Milchbackenzähne hinzu. Beim vier
bis fünf Monate alten Kalb bricht der erste bleibende Zahn,
d. i. der erste Mahlzahn, durch (Abb. 36). Im Alter von etwa
15 Monaten werden das mittelste Schneidezahnpaar und die
Haken gewechselt. Beim zweijährigen Stück bricht der dritte
Mahlzahn durch. Dann werden die Milchbackenzähne gewechselt, so daß beim 2½jährigen Stück das bleibende Gebiß
vollzählig geworden ist (Abb. 35). Bis zu diesem Zeitpunkt

52

gibt somit der Zahnwechsel gute Anhaltspunkte für die Altersbestimmung des Hirsches.

Zum Unterschied vom Hirschkalb wird das Rehkitz schon mit dem vollständigen Milchgebiß gesetzt. Auch der Zahnwechsel läuft rascher ab, so daß schon mit etwa 15 Monaten das bleibende Gebiß fertig gebildet ist. Für den Jäger kommt praktisch innerhalb dieser Altersklassen die Unterscheidung eines Kitzbockes von einem Jahrlingsbock in Betracht. Zeigt ein z. B. im Herbst erlegter Bock noch den leicht kenntlichen dreiteiligen dritten Milchbackenzahn, so kann es sich nur um einen Kitzbock desselben Jahrganges handeln.

Beim Gemskitz ist das Milchgebiß mit zwei Monaten fertig entwickelt. Während mit $2^1/_2$ Jahren der Zahnwechsel an den Backenzähnen erfolgt ist und die drei Mahlzähne durchgebrochen sind, erscheint der Wechsel der Vorderzähne noch nicht abgeschlossen. Von diesen wird das erste (innerste) Paar mit $1^1/_4$, das zweite Paar mit $2^1/_4$, das dritte Paar mit $2^1/_2$—$2^3/_4$ und das vierte Paar mit $3^1/_2$—$3^3/_4$ Jahren gewechselt, so daß das Dauergebiß erst gegen Ende des vierten Jahres voll entwickelt erscheint.

Die meisten Zähne der Säuger sind *Wurzelzähne*. Sie zeigen eine deutlich ausgebildete, in den Kiefern steckende Wurzel, die sich von dem frei vorragenden Teil, der Krone, wesentlich unterscheidet. Es gibt aber auch sogenannte *wurzellose Zähne*, bei denen kein Unterschied zwischen den beiden Anteilen besteht. Das Wachstum der Wurzelzähne ist beschränkt (Zähne mit beschränktem Wachstum). Sie werden daher mit zunehmendem Alter infolge der Abnützung immer kürzer, während die wurzellosen Zähne dadurch, daß an ihrem am tiefsten im Kiefer steckenden Anteil stetig neue Zahnsubstanz angebaut wird, zeitlebens weiterwachsen (Zähne mit unbeschränktem Wachstum). Da die Abnützung an den Kauflächen gegenüber dem Wachstum zurückbleibt, so werden sie mit zunehmendem Alter immer länger.

Zu den wurzellosen Zähnen gehören die Eckzähne des Wildschweines, von denen namentlich die unteren, die Hauer (das „Gewaff", die „Gewehre") eine besondere Länge erreichen, und die Schneidezähne der Nager, wie z. B. die des

Hasen und des Murmeltieres. Der Jäger bewertet daher die Hauer des Ebers und die Schneidezähne des Murmeltiers als Trophäen nach ihrer Länge. Beim Murmeltier ragt allerdings

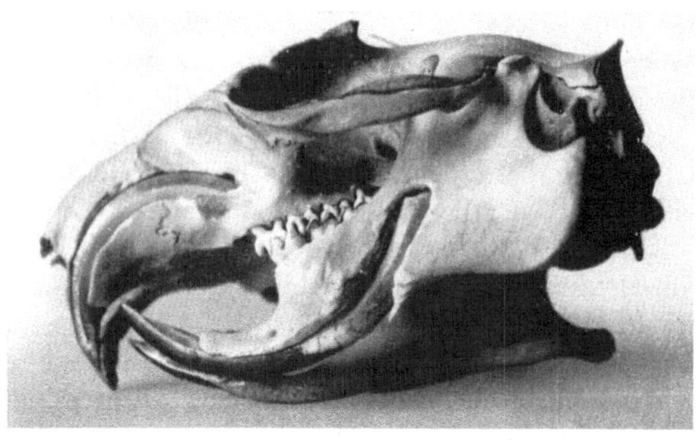

Abb. 38. Schädel vom Murmeltier, an dem durch Aufmeißeln der Kiefer die Schneidezähne vollständig freigelegt wurden.

nur der kleinere Teil der Schneidezähne frei vor, der weitaus größere steckt im Kiefer und wird erst sichtbar, wenn man den Kieferknochen aufmeißelt (Abb. 38).

Vertikalverschiebung der Zähne.

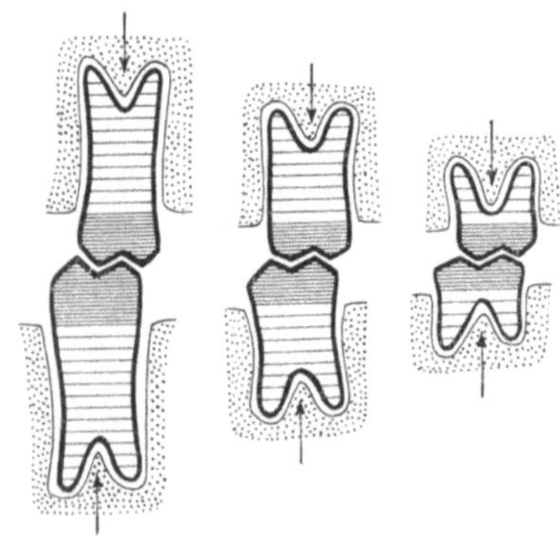

Abb. 39. Schema des Verhaltens zweier gegenüberliegender Mahlzähne einer Gemse auf verschiedenen Altersstufen.

Bei den Wurzelzähnen liegen die Verhältnisse wesentlich anders. Es wird zwar auch bei ihnen die durch die Abnützung an den Kauflächen verursachte Verkürzung der Krone zum Teil dadurch ausgeglichen, daß der Zahn weiter aus dem knöchernen Zahnfach (Alveole) des Kiefers vorgeschoben wird, daß eine Vertikalverschiebung des Zahnes erfolgt; diese Ver-

tikalverschiebung bleibt aber hinter der Abnützung zurück, so
daß der frei vorragende Teil des Zahnes mit zunehmendem
Alter mehr und mehr verkürzt wird.

Solange der Zahn wächst, d. h. seine Wurzel noch nicht
die endgültige Länge erreicht hat, wird seine Krone durch das
Wurzelwachstum emporgeschoben, ganz ähnlich wie zeitlebens bei wurzellosen Zähnen. Aber auch nach dem Aufhören
des Wurzelwachstums sehen wir, daß der Zahn trotzdem noch
weiter vorgeschoben wird. Das geschieht aber von jetzt ab dadurch, daß der Boden des Zahnfaches weiter und weiter em-
porrückt, wodurch der ganze Zahn gehoben wird (Abb. 39).

Abb. 40 gibt diese Verhältnisse bei der Gemse wieder, wo
sie besonders sinnfällig in Erscheinung treten. Die Unterkiefer wurden aufgemeißelt, so daß man die Zähne ihrer ganzen Länge nach überblicken kann. Zunächst ist man überrascht über die ungewöhnliche Länge der Mahlzahnkronen
bei jüngeren Stücken. Freilich ragt nur ihr kleinerer Teil frei
vor, der größere steckt im Kieferknochen. Sehen wir uns einmal die Veränderungen an einem bestimmten Zahn mit fortschreitendem Alter z. B. an dem mit ✕ bezeichneten ersten
Mahlzahn an. An den Abbildungen 40 a—e erkennt man, daß
die beiden Wurzeln sich mit zunehmendem Alter verlängert,
die Kronen aber infolge der Abnützung sich verkürzt haben.

Mit etwa drei Jahren ist das Wurzelwachstum abgeschlossen. Es erscheinen daher auch beim 6- und 12 jährigen Bock
die Wurzeln annähernd gleich lang wie beim 3 jährigen,
während die Abnützung der Krone natürlich auch noch im
höheren Alter fortschreitet, so daß beim 12 jährigen Bock
die Krone ganz niedrig geworden ist. Betrachtet man aber nur
den frei vorragenden Teil der Krone, so ist dessen Höhen-
abnahme verhältnismäßig geringfügig. Daher kam man auch,
bevor man den Kiefer aufmeißelte, zum Trugschluß, daß bei
der Gemse die Mahlzähne sich nur wenig abnützen, weniger
z. B. als beim Reh, obwohl gerade das Gegenteil der Fall ist.
Die wechselnde Länge der einzelnen Mahlzähne in verschiedenem Alter wäre für die Altersbestimmung der Gemse sicher
ein brauchbarer Anhaltspunkt. Aber gerade beim Gemswild
sind wir in der Lage, aus der Krucke das Alter genau zu be-

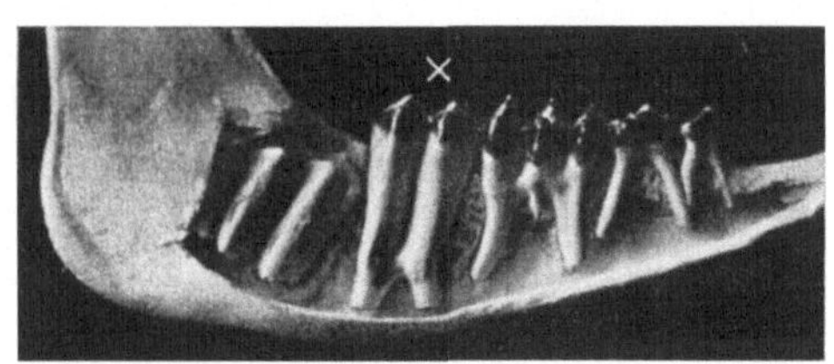

a

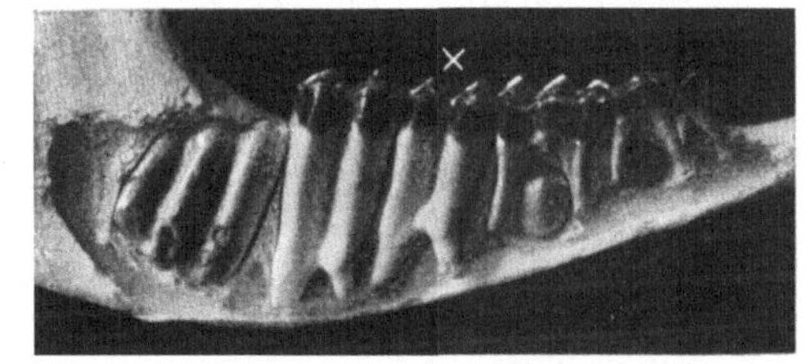

b

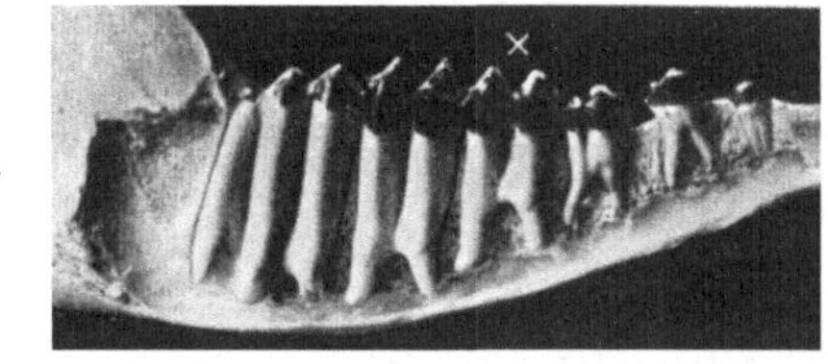

c

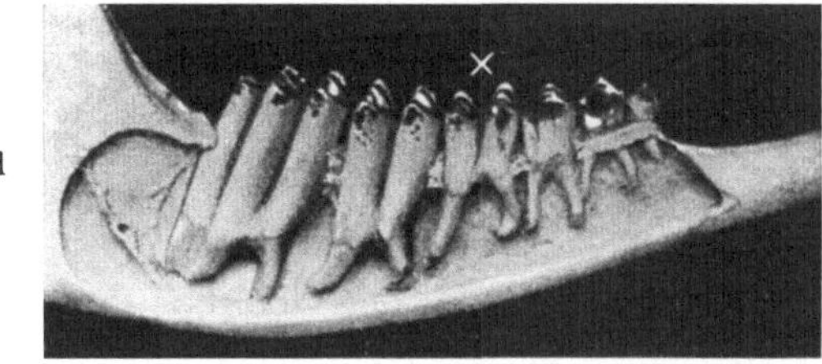

d

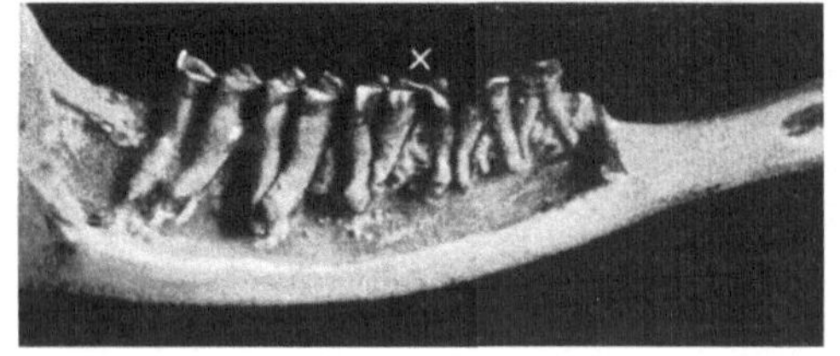

e

Abb. 40.
Unterschrift
nebenstehend.

56

stimmen, so daß wir hier nicht nach weiteren Altersmerkmalen zu suchen brauchen.

Allgemein bekannt sind die langen, besser gesagt die weit vorragenden Hexenzähne der alten Weiber (und auch Männer). Fehlt nämlich einem Zahn sein Gegenüber, sein Antagonist, so wird er scheinbar länger. Es handelt sich dabei aber nicht etwa um ein In-die-Länge-Wachsen des Zahnes. Der Zahn ragt nur weiter vor, und zwar deshalb, weil wie bei anderen Zähnen das Emporrücken seines Zahnfachbodens anhält, die Abnützungsmöglichkeit an seiner Kaufläche aber fehlt.

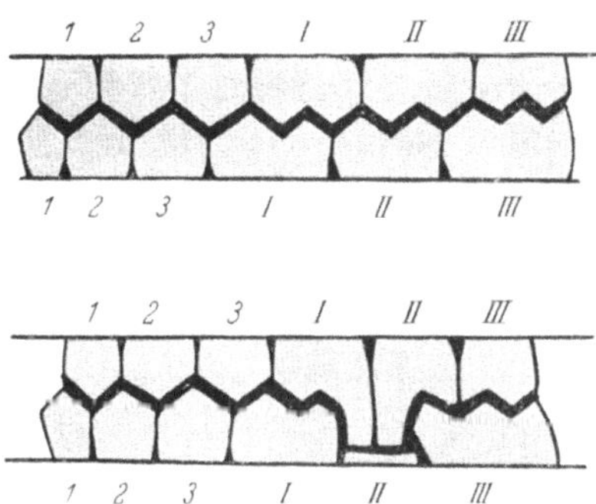

Abb. 41. Schema des Ineinandergreifens der Seitenzähne der Gemse, oben bei Normalgebiß, unten bei Defekt der Krone des M_{II}.

Dasselbe sehen wir natürlich auch bei Tieren. Ragt aus irgendeiner Ursache die Krone eines Zahnes weniger weit vor als die seiner Nachbarn, so wird diese Lücke allmählich dadurch ausgefüllt, daß die ihr gegenüberliegenden Zahnteile scheinbar vorwachsen, bis der Kontakt der Zahnreihen sich im Bereiche der Lücke vollkommen hergestellt hat (Abb. 41). Daß es sich dabei nicht um ein aktives Vorwachsen der Zahnteile, sondern nur um das Ausbleiben der Abnützung bei an-

Abb. 40. Rechte Unterkieferhälften von Gemsböcken verschiedenen Alters. Die äußere Knochenplatte wurde zur vollständigen Freilegung der Zähne abgetragen. M_I mit einem $\times$ bezeichnet. a) 7 Monate. M_{II} im Durchbruch begriffen. b) 1 Jahr 7 Monate. Unter P_2 und P_3 die Kronen der entsprechenden Dauerzähne. M_{III} vor dem Durchbruch. c) 2 Jahre 7 Monate. Zahnwechsel an den Seitenzähnen beendet. d) 6jährig. e) 12jährig.

haltendem Vorschub des Zahnes handelt, geht aus dem früher Gesagten hervor.

Die auslösende Ursache für die geschilderte Vertikalverschiebung der Mahlzähne dürfte in einer ungleich starken Abnützung der einzelnen Zähne zu suchen sein. Werden z. B. die Vorderzähne schwächer abgenützt als die Seitenzähne, so muß ein mangelhafter Zahnschluß im Bereiche der letzteren entstehen. Die Kauflächen der Mahl- und Backenzähne werden beim Kieferschluß nicht mehr die ihrer Antagonisten (gegenüberliegenden Zähne) erreichen, sie werden daran durch die zu weit vorragenden Schneidezähne gehindert. Es ergibt sich daraus für die Backenzahnreihe ein Zustand, der dem antagonistenloser Zähne entspricht, eine Druckentlastung am Boden des Zahnfaches, die an ihm zum schichtenweisen Knochenanbau und damit zur Vertikalverschiebung der Zähne führt. Würden alle Zähne gleich stark abgenützt, so würde in jedem Alter und im Bereich aller Zähne ein vollkommener Zahnschluß erreicht. Es käme nirgends zu einer Entlastung des Zahnfachbodens und wahrscheinlich an keinem Zahn zu einer Vertikalverschiebung.

Wir sehen somit in der Vertikalverschiebung der Zähne hauptsächlich eine Einrichtung, die geeignet erscheint, Ungleichheiten im Abnützungsausmaß der einzelnen Zähne auszugleichen, somit eine Einrichtung, die es ermöglicht, daß auch bei verschieden starker Abnützung der Einzelzähne doch immer und überall ein fester Zahnschluß erreicht wird.

Horizontalverschiebung der Zähne.

Außer der Vertikalverschiebung läßt sich auch eine Horizontalverschiebung der Zähne nachweisen, die mit zunehmendem Alter zu einer Verkürzung der Seitenzahnreihe führt und ebenfalls mit der Abnützung der Zähne zusammenhängt. Ich habe diese Verhältnisse vor allem beim Rehbock verfolgt, und meine Ausführungen beziehen sich zunächst auf diesen, gelten grundsätzlich aber auch für andere Wildarten mit ähnlichem Gebiß, somit auch für Hirsch und Gemse.

58

Es ist selbstverständlich, daß die Verkürzung der Zahnreihe nur durch ein Aneinanderrücken, durch eine Horizontalverschiebung der einzelnen Zähne zustande kommen kann, so daß wir also annehmen müssen, daß die einzelnen Zähne stetig in horizontaler Richtung verschoben werden („wandern"). Diese Horizontalverschiebung gehört ebenso wie die Vertikalverschiebung der Zähne zu den sogenannten „Anpassungswanderungen", worunter am menschlichen Gebiß jene Lage- bzw. Stellungsänderungen der Zähne verstanden werden, die entstehen, wenn ein Stützmoment, das mithilft, den Zahn in seiner natürlichen Stellung zu erhalten, geschädigt wird oder verlorengeht. Zu diesen Stützen wären die Berührungsflächen (Kontaktpunkte) mit den seitlich angrenzenden Zähnen zu rechnen. Entsteht zwischen zwei Zähnen eine Lücke, so wird eine Horizontalverschiebung dieser Zähne eintreten, die zur Verkleinerung bzw. zum vollständigen Verschwinden der Lücke führt.

Nun sehen wir aber, daß schon während des Zahnwechsels zu beiden Seiten des durchbrechenden P_{III} Lücken entstehen, die dadurch zustande kommen, daß die Krone des betreffenden Milchzahnes bedeutend breiter ist als die des bleibenden P_{III}. Auf Abb. 37 sitzt die breite Krone des dritten Milchbackenzahnes als sogenannter Reiter der schmäleren Krone des nachschiebenden bleibenden Zahnes auf. Die Lücken zu beiden Seiten des letzteren werden ganz allmählich durch Horizontalverschiebung der Zähne ausgeglichen, wodurch natürlich eine Verkürzung der Zahnreihe eintreten muß. Kommt somit für die ersten Lebensjahre, zu einer Zeit, wo noch keine hochgradigere Abnützung der Zahnkronen eintritt, als auslösendes Moment für die Verkürzung der Zahnreihe und somit für die Horizontalverschiebung vor allem der Wechsel des dritten Backenzahnes in Betracht, so haben wir in späteren Jahren für den gleichen Vorgang die stärkere Abnützung der Zahnkronen verantwortlich zu machen.

Die Backen- und Mahlzähne des Rehs haben, abgesehen von den vorragenden Höckern, die Form eines Keils, dessen Basis der Kaufläche entspricht. Daher müssen beim jungen Reh zwischen den gegen die Wurzeln gelegenen Anteilen der

Kronen Lücken vorhanden sein (Abb. 42 a). Entsprechend der zunehmenden Abnützung der Krone verkleinert sich die Basis des Keils. Dadurch wird der seitliche Kontakt zwischen den einzelnen Zähnen aufgehoben, was den Anlaß zum Aneinanderrücken der Zähne gibt, bis wieder alle miteinander in Berührung stehen. Es wird also zwangsläufig mit der stetig fortschreitenden Abnützung der keilförmigen Zahnkronen eine ebenso stetig fortschreitende Horizontalverschiebung der Zähne eintreten, so daß sie jederzeit mit den Seitenrändern ihrer Kauflächen miteinander in Kontakt gesetzt werden.

Die Spalten zwischen den Basalteilen der Kronen betragen beim jungen Bock etwa je 2 mm, und da 5 Spalten vorhanden

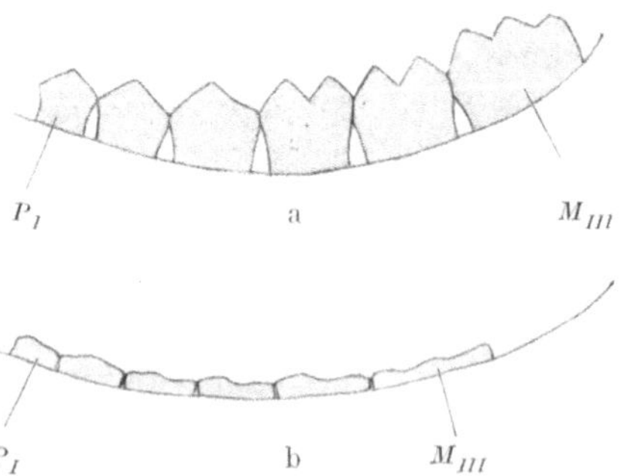

Abb. 42. Untere Seitenzahnreihe a) beim jungen, b) beim alten Reh.

sind, zusammen 10 mm. Um diesen Betrag könnte somit, wenn die Kronen bis gegen die Wurzeln hin abgenutzt, somit fast ganz verschwunden sind, die Zahnreihe verkürzt werden (Abb. 42 b). Dazu käme noch die Verkürzung der Zahnreihe in den ersten Jahren, die durch den Wechsel des dritten Backenzahnes verursacht wird und etwa 5 mm beträgt. Es würde demnach die Verkürzung im Maximum 15 mm betragen können.

Messungen haben ergeben, daß die Horizontalverschiebung der Zähne von hinten nach vorn erfolgt, und daß ein Zahn um so stärker verschoben wird, je weiter hinten er liegt. Die größte Verschiebung erleidet somit M_{III}, während P_I wahrscheinlich überhaupt nicht verschoben wird.

Suchen wir nach der Ursache, weshalb die Zähne in der Richtung von hinten nach vorn und nicht in umgekehrter

60

Richtung verschoben werden, so glaube ich, hierfür die Einpflanzung der Zähne verantwortlich machen zu dürfen. Es sind nämlich namentlich die Mahlzähne schräg in den Unterkiefer eingepflanzt, und zwar so, daß die Zahnachse gegen die Längsachse des Kiefers nach vorn geneigt erscheint. Diese schräge Einstellung zeigt am ausgesprochensten der dritte Mahlzahn. An den weiter nach vorn gelegenen Zähnen nimmt die Neigung der Zahnachse immer mehr und mehr ab, so daß schließlich der erste Backenzahn senkrecht eingestellt erscheint (Abb. 42).

Wird nun durch den Kieferschluß ein Druck in senkrechter Richtung auf M_{III} des Unterkiefers ausgeübt, so wird dadurch die vordere Alveolenwand des M_{III} belastet, die hintere Wand entlastet. Druck bewirkt Knochenabbau, Entlastung oder Zug Knochenanbau. Es wird daher an der Hinterwand der Alveole Knochen angebaut, an der Vorderwand Knochen abgebaut und damit M_{III} rein passiv nach vorn verschoben. Grundsätzlich dasselbe gilt auch für die weiter nach vorn sich anschließenden Zähne, allerdings in fortschreitend abnehmendem Ausmaß. Mit der abnehmenden Schrägstellung wird auch die Druck- bzw. Zugwirkung auf die Alveolenwandungen und damit der Reiz zum Knochenab- bzw. -anbau fortschreitend immer mehr abnehmen, um beim senkrecht eingepflanzten P_I überhaupt ganz aufzuhören. Daraus erklärt sich auch, daß P_I kaum eine Horizontalverschiebung erleidet, und daß die Verschiebung der nach hinten sich anschließenden Zähne mit der Entfernung von P_I Schritt für Schritt zunimmt.

Wenn auch die Verkürzung der Backenzahnreihe mit zunehmendem Alter gesetzmäßig erfolgt, so ist sie doch nicht zur Altersbestimmung im Einzelfall zu verwerten, da die Zahnreihenlänge innerhalb einer Altersklasse individuell zu beträchtlich schwankt.

Altersbestimmung nach den Vorderzähnen.

Schließlich sei noch auf eine bei Hirsch und Reh mit zunehmendem Alter eintretende Stellungsänderung der Vorderzähne hingewiesen, die gleichfalls mit der Abnützung der

Zähne im Zusammenhang steht. Da Vorder- und Seitenzähne verschieden beansprucht werden, kann es dazu kommen, daß die ersteren relativ stärker abgenützt werden als die letzteren. Beim Kieferschluß erreichen dann die Vorderzähne nicht mehr den Gaumen, was natürlich das Abrupfen der Äsung erschweren muß. Es tritt eine Entlastung der Vorderzähne bzw. ihrer Zahnfächer ein, und wahrscheinlich infolgedessen stellen sich die Vorderzähne mehr senkrecht auf. Daher wird auch der Winkel, den sie mit der Achse des Unterkiefers einschließen, zur Altersbestimmung verwertet. Bei jungen Tieren

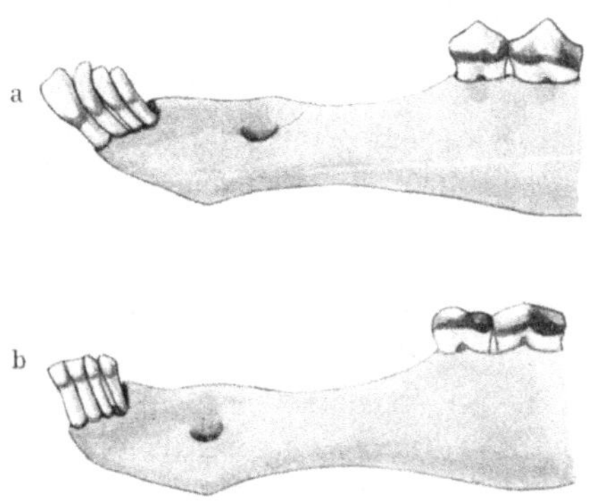

Abb. 43. Verhalten der Vorderzähne a) beim jungen, b) beim alten Reh, bei dem die Zahnkronen stark abgenutzt sind und die Zähne sich nahezu senkrecht aufgerichtet haben.

ist dieser Winkel ganz stumpf, bei älteren nähert er sich mehr einem rechten (Abb. 43).

Nun hängt aber die Abnützung der Vorderzähne sehr wesentlich von der Art der Äsung ab. Beim Feldreh z. B. erfolgt eine so hochgradige Abnützung, wie man sie beim Waldreh (Bergreh) niemals beobachten kann. Daher sehen wir auch das Aufrichten der Vorderzähne bei ersterem viel früher und ausgiebiger eintreten als bei letzterem. Und somit ist auch der Vorderzahn-Unterkieferwinkel für das Reh höchstens bei Stücken, die unter gleichen Äsungsverhältnissen stehen, zur genaueren Altersbestimmung geeignet.

Hiermit haben wir die Altersveränderungen besprochen, die alle Seitenzähne oder Vorderzähne gemeinsam betreffen, und

62

wir kommen nun zu den Altersmerkmalen an den einzelnen Zähnen.

Am verläßlichsten können wir bisher das Alter des Hirsches bestimmen, und zwar nach dem Innenbau seiner Schneidezähne. Auf Abb. 44 sehen wir mediane Längsdurchschnitte durch den mittleren Schneidezahn des Rothirsches. A zeigt den bleibenden Schneidezahn kurz nach seinem Durchbruch, der etwa im 15. Lebensmonat erfolgt. Wir erkennen an ihm im Inneren die Zahnhöhle (Pulpahöhle), die die Weichteile des Zahnes, die Pulpa mit ihren Nerven und Gefäßen, enthält. Nach außen schließen sich die Hartteile des Zahnes an. Zunächst das Zahnbein oder Dentin (weiß), das die Hauptmasse des ganzen Zahnes ausmacht und im Bereiche der Krone vom Schmelz (schwarz), im Bereiche der Wurzel vom Zement (punktiert) überlagert wird. B zeigt denselben Zahn eines dreijährigen Hirsches, von dem die Kronenschneide schon etwas abgenützt ist und bei dem sich im obersten Teil der Pulpahöhle eine kleine

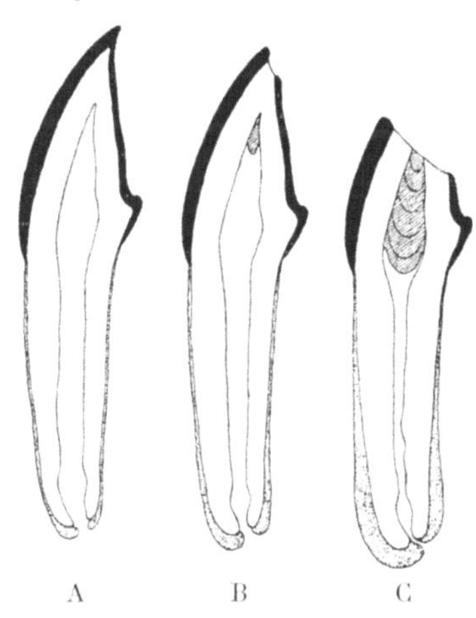

Abb. 44. Mittlerer Schneidezahn vom Rothirsch im Längsschnitt (schematisch). A unmittelbar nach dem Durchbruch, noch nicht abgenutzt, B vom 3 jährigen, C vom 9 jährigen Hirsch (nach Eidmann).

Menge von sogenanntem *Sekundärdentin* oder „*Ersatzdentin*" (schraffiert) gebildet hat. C zeigt den Schneidezahn vom neunjährigen Hirsch. Hier ist die Abnützung und auch die Sekundärdentinbildung weit vorgeschritten.

Das Sekundärdentin zeigt nun — und darauf kommt es an — eine deutliche Schichtung. Es werden breite, helle, durch schmale, dunkle Zonen voneinander abgegrenzt, ähnlich etwa den Jahresringen an Bäumen. Und tatsächlich handelt es sich dabei um Jahresringe, d. h. jede breite, helle mit der sie begrenzenden dunklen Zone entspricht dem Jahreszuwachs an

Sekundärdentin. Die hellen Zonen sind wahrscheinlich das im Sommer, die dunklen das im Winter gebildete Dentin. Das verschiedene optische Verhalten beider dürfte auf die Verschiedenheit zwischen Sommer- und Winteräsung zurückzuführen sein.

Da die Sekundärdentinbildung im 3. Jahr beginnt, so ergibt sich das Alter eines Rothirsches aus der Zahl der Jahresringe + 3. Daher stammt z. B. der in C abgebildete Zahn von einem 9 jährigen Hirsch. Die Sekundärdentinbildung bezweckt, den Zahn trotz starker Abnützung funktionstüchtig zu erhalten. Sie verhütet eine Freilegung der Pulpa, die mindestens zu schwerer Schädigung des ganzen Zahnes führen müßte.

Es wäre zu erwarten, daß eine Sekundärdentinbildung bei allen Arten der Familie der Hirsche (Cervidae) in gleicher Weise eintritt. Leider ist das aber außer beim Rothirsch nur beim Dam- und Sikahirsch der Fall, nicht aber beim Reh und Elch. Auch bei letzteren kommt es zu einer Sekundärdentinbildung, die aber wesentlich anders verläuft und zur Altersbestimmung nicht verwertbar ist. Trotzdem wird auch hier das gleiche Endziel, nämlich den Zahn trotz weitgehender Abnützung funktionstüchtig zu erhalten, wenn auch auf anderem Wege, erreicht.

Altersbestimmung nach den „Kunden".

Am häufigsten werden zur Altersbestimmung von Hirsch und Reh die mit der Abnützung der Zähne einhergehenden Veränderungen an den Kauflächen der einzelnen Zähne benützt. Auch der Pferdehändler bestimmt seit alters her das Alter eines Pferdes nach diesen *„Kunden"*. Für Hirsch und Reh gibt es hierfür eigene Bestimmungstabellen, und es würde zu weit führen, auf Einzelheiten hier einzugehen. Daß auch diese Bestimmungsart nicht zuverlässig sein kann, ergibt sich 1. aus dem schwankenden Härtegrad der Zähne und 2. aus der Verschiedenheit der Äsung an verschiedenen Standorten.

Wie schon früher erwähnt, leiden vielfach Rehböcke in sonnen- und kalkarmen Wuchsgebieten an Kalkarmut, die sich schon darin äußert, daß sie zeitlebens schlecht aufsetzen.

64

Es ist anzunehmen, daß derartige Böcke auch kalkärmere und daher weichere Zähne besitzen, die sich rascher abnützen als Zähne von Böcken aus sonnigen und kalkreichen Gebieten.

Weiterhin ist es verständlich, daß eine rauhe, kieselsäurereiche Äsung die Zähne stärker in Anspruch nimmt und rascher abnützt als eine zarte, kieselsäurearme. So sieht man auch, daß bei Feldrehen die Abnützung nicht nur der Vorder-, sondern auch der Seitenzähne stärker ist als bei Bergrehen. Viel verläßlicher wäre diese Bestimmungsart, wenn man sich für jedes Wuchsgebiet einen eigenen Bestimmungsschlüssel anlegte.

Will man das Alter eines Rehbockes halbwegs zuverlässig bestimmen, so ist es notwendig, möglichst viele Anhaltspunkte zu berücksichtigen. Gerade die Bestimmung nach der Schildknorpelverknöcherung scheint mir als Hilfsmethode zur Altersbestimmung nach der Zahnabnützung wertvoll, da sich die Fehlerquellen bei den beiden Methoden in entgegengesetzter Richtung auswirken dürften. Bei einem „kalkarmen" Bock wird der Schildknorpel langsamer verknöchern, dagegen werden die Zähne infolge der Weichheit sich rascher abnützen. Es würde somit nach seinem Schildknorpel das Alter unterschätzt, nach den Kunden hingegen überschätzt werden, und umgekehrt bei einem „kalkreichen" Bock. Wird z. B. nach der einen Methode ein Alter von 4 Jahren, nach der anderen von 2 Jahren ermittelt, so dürfte das wirkliche Alter 3 Jahre betragen. Stimmt das nach beiden Methoden ermittelte Alter überein, so dürfte es sich um das wirkliche Alter des Bockes handeln.

Da das Gewichtel eines alten Rehbockes auf der Pflichttrophäenschau nie einen Schlechtpunkt erhalten wird, wohl aber das eines hoffnungsvollen Jünglings, so liegt für den unehrlichen Jäger die Versuchung nahe, dem Gewichtel einen falschen Unterkiefer — und natürlich den eines möglichst alten Stückes — beizulegen. Nun sind aber Unterkiefer von alten Böcken nicht leicht zu beschaffen, viel leichter die von alten Geißen.

Wird nun an Stelle eines Bockunterkiefers der einer alten Geiß vorgelegt, so kommt man dem Schwindel leicht auf die

Spur, da der Rehunterkiefer (wenigstens bei nicht ganz jungen Stücken) deutliche Geschlechtsunterschiede zeigt (Abb. 45). Diese beziehen sich auf den Kieferwinkel, d. h. auf die Gegend, wo der (horizontale) Kieferkörper in den (vertikalen) Kieferast übergeht. An diesem Kieferwinkel findet sich bei vielen Säugetieren ein, je nach der Art verschieden gestalteter, Fortsatz, der „*Winkelfortsatz*".

Das Reh besitzt einen plattenförmigen Winkelfortsatz, der beim Bock nicht nur nach hinten, sondern auch deutlich nach

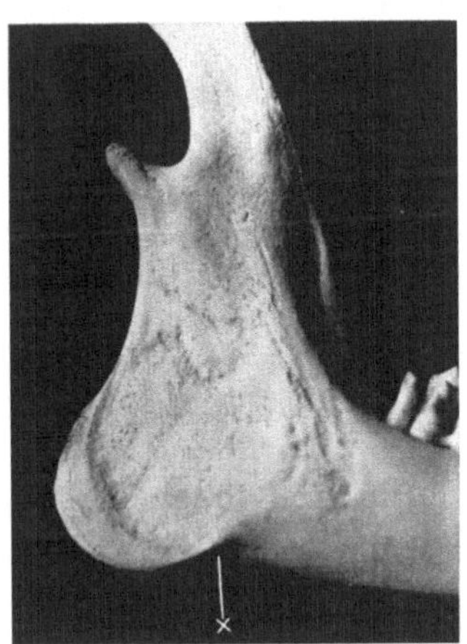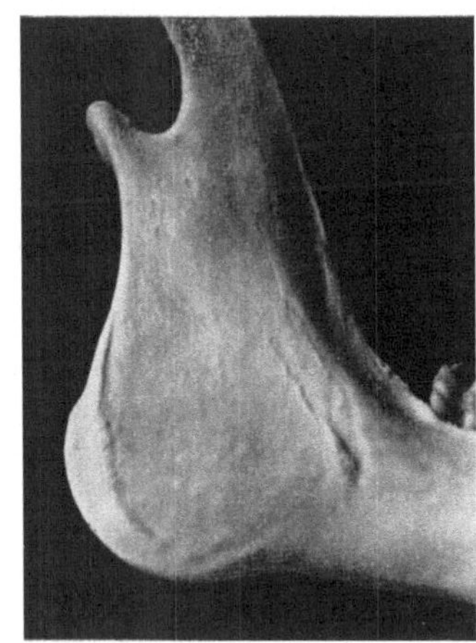

Abb. 45. Unterkiefer (Winkelfortsatz) vom Reh. Links vom Bock, rechts von der Geiß.

unten vorragt und nach vorn durch eine gut ausgeprägte Furche (Abb. 45 bei ×) abgegrenzt erscheint. Bei der Geiß hingegen tritt der Winkelfortsatz kaum oder gar nicht nach unten, sondern nur nach hinten vor, und eine ihn vorn begrenzende Furche fehlt. Außerdem bildet beim Bock der Umriß des Winkelfortsatzes einen größeren Abschnitt eines nach kleinerem Halbmesser gekrümmten Kreises, bei der Geiß einen kleineren Abschnitt eines nach größerem Halbmesser gekrümmten Kreises.

Um jeden Schwindel mit dem Unterkiefer hintanzuhalten, wäre es vielleicht überhaupt zweckmäßiger, von der Beigabe

desselben ganz abzusehen und dafür die Vorlage des ganzen
Schädels samt dem Gewichtel zu verlangen. Die Altersbestimmung nach den Seitenzähnen könnte ja ebensogut wie am
Unterkiefer auch am Oberkiefer vorgenommen werden. Dann
hätte man aber auch einen ganz verläßlichen Werkstoff für
weitere Untersuchungen zur Hand. Auch für das Alter kann
ja, wie schon erwähnt, der Schädel gewisse Anhaltspunkte
geben (Verschmelzung der Knorpelfugen).

Altersbestimmung nach Geweih und Gehörn.

Es hat eine Zeit gegeben, wo man glaubte, aus dem Geweih das Alter ablesen zu können. Beim Reh galt der Spießer
als einjährig, der Gabler als zweijährig, der Sechserbock als
mindestens dreijährig. Ebenso schätzte man beim Hirsch das
Alter nach der Endenzahl. Daß aber die Verhältnisse nicht so
einfach liegen, ergibt sich daraus, daß 1. Jugend- und Alters-
formen des Geweihes außerordentlich ähnlich sein können,
2. daß schon im ersten Jahr eine Geweihstufe auftreten kann,
die im allgemeinen erst im zweiten oder dritten Jahr erreicht
wird und 3. daß ein Stück während seines ganzen Lebens annähernd gleich aufhaben kann. Ein Spießerbock muß demnach nicht 1 jährig sein. Es könnte sich auch um einen
10 jährigen Bock, der schon zurückgesetzt hat oder um einen
5 jährigen „ewigen Spießer" handeln. Ein Sechserbock kann
1—6 jährig oder noch älter sein. Jedenfalls müssen wir heute
sagen, daß aus dem Geweih auch nicht annähernd das Alter
zu bestimmen ist.

Eher kann das Verhalten der Rosenstöcke einen Anhaltspunkt geben. Wie schon erwähnt, wird beim Abwerfen der
Rosenstock etwas verkürzt, so daß er von Jahr zu Jahr niedriger, zugleich aber auch dicker wird. Da aber schon beim jungen
Bock die Höhe und Stärke der Rosenstöcke außerordentlich schwankt, so kann aus ihrem Verhalten das Alter keineswegs genau abgeschätzt werden. Nur ganz allgemein sprechen dicke und niedrige Rosenstöcke für einen älteren Bock.
Sitzen die Stangen nahezu unvermittelt der Schädelbasis auf,
so handelt es sich wohl immer um einen ganz alten Bock.

Da beim Hirsch mit dem Abwerfen der Stangen die Rosenstöcke an ihrer Außenseite etwas mehr Knochensubstanz verlieren als an der Innenseite, so ergibt sich eine von Jahr zu Jahr zunehmende Schrägstellung der Abwurfflächen (Abb. 46). Diese schließen beim jungen Hirsch einen ganz stumpfen Winkel ein. Mit zunehmendem Alter wird der Winkel immer spitzer. Die Stellung der Abwurfflächen beeinflußt aber auch die Richtung der Stangen, so daß die seitliche Ausladung des Geweihes mit den Jahren im allgemeinen wächst.

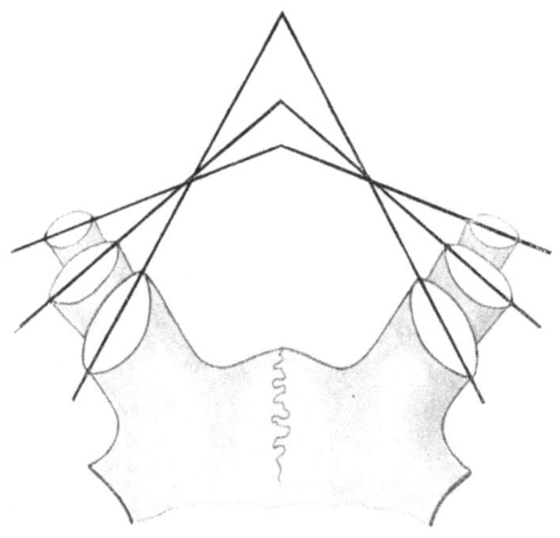

Abb. 46. Die mit dem Alter zunehmende Schrägstellung der Abwurfflächen beim Hirsch.

Viel bessere Anhaltspunkte als das Geweih bietet das Gehörn für die Altersbestimmung. Es ist das auch ohne weiteres verständlich. Das Gehörn wird nie gewechselt, und schon deshalb muß an ihm viel mehr abzulesen sein als an dem alljährlich neu gebildeten Geweih. Das weiß auch der Bauer, der z. B. aus den Einschnürungen am Kuhhorn die Zahl der Trächtigkeiten abliest. Diese „Trächtigkeitsringe" der Kuh kommen dadurch zustande, daß während der Tragzeit alle verfügbaren Stoffe für den Aufbau des Kalbes verwendet werden, so daß zu dieser Zeit auch die Hornbildung herabgesetzt ist, was sich in einer Einschnürung am Horn auswirkt.

68

Beim Wild ist es vor allem die winterliche Notzeit, die sich in ähnlicher Weise am Gehörn bemerkbar macht. Beim Gemswild unterbleibt die Hornbildung zur Winterszeit vollständig. Diese Unterbrechung der Hornbildung im Winter macht sich an den Krucken durch einen ringsum laufenden engen Spalt bemerkbar (Abb. 2 und 47). Diese „*Jahresringe*" grenzen somit die jährlichen Zuwachsstücke am Hornschlauch ab, und man kann daher aus ihrer Zahl das Alter der Gemse in den meisten Fällen mit wünschenswerter Genauigkeit ablesen. Allerdings sind die Spalten nicht immer gleich deutlich sichtbar, und namentlich bei stark verpechten Krucken können sie vollständig verdeckt sein.

Die äußerlich am Schlauch sichtbaren Zuwachszonen sind sehr verschieden groß. Der größte Zuwachs erfolgt im 2. und 3. Jahr. Dann werden sie immer niedriger. Im 5. Jahr erfolgt ein Zuwachs von nur noch 5 mm und weiterhin jährlich um gar nur noch etwa 1 mm. Daraus geht hervor, daß für die Höhenentwicklung der Krucke die ersten vier Lebensjahre ausschlaggebend sind.

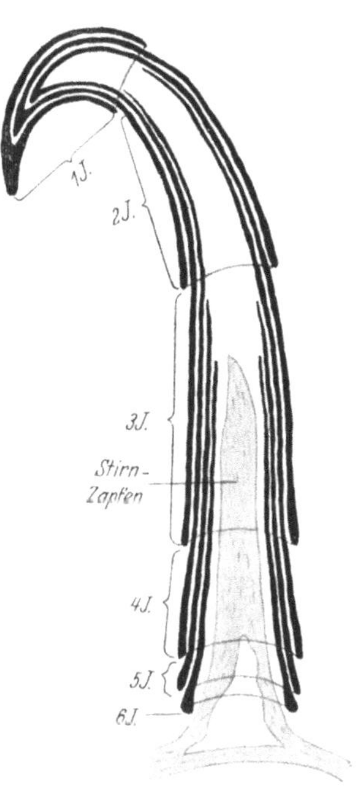

Abb. 47. Schematischer Längsschnitt durch die Krucke eines 6jährigen Gemsbockes.

Die Millimeterzonen sind stets deutlich ausgebildet. Nur dürfen sie nicht mit den sogenannten *Schmuckringen* (Schmuckrunzeln) verwechselt werden, die in sehr wechselnder Ausbildung als gewulstete Ringe die Krucke umziehen, aber nie durch Spalten, sondern nur durch seichte Rillen voneinander getrennt sind. Das Auftreten der Schmuckrunzeln innerhalb von zwei Jahresringen spricht dafür, daß auch während des

Sommers die Hornbildung schubweise erfolgt. Daß bei der Geißkrucke außer den Jahresringen nicht auch noch Trächtigkeitsringe auftreten, erklärt sich daraus, daß bei der Gemse die Trächtigkeit in den Winter fällt, wo sowieso die Hornbildung aussetzt.

Noch einige Worte über das Wachstum und den damit zusammenhängenden Bau der Krucken. Der Stirnzapfen wird von der Knochenhaut und der mit ihr verbundenen Fortsetzung der äußeren Haut (Decke) überzogen. Die Decke besteht wie überall aus zwei Hauptanteilen: der tiefer liegenden Lederhaut und der oberflächlicheren Oberhaut oder Epidermis. Die Hornbildung erfolgt dadurch, daß die oberflächlichsten Zellschichten der Epidermis sich in Hornsubstanz umwandeln. Natürlich muß durch lebhafte Zellteilung in den tieferen Schichten der Epidermis für ständigen Nachschub von Zellen gesorgt werden.

Abb. 48. 7—8 jähriger Muffelwidder mit deutlichen Jahresringen an der Schnecke (nach Dauster).

Da im ganzen Umfang des mit äußerer Haut überkleideten Stirnzapfens Hornbildung erfolgt, so bildet sich während jeden Sommers eine Horntüte um den Stirnzapfen. Die lebhafteste Hornbildung erfolgt stets an der Basis der Krucke. Dadurch wächst die Krucke in die Höhe, und die früher gebildeten Horntüten werden vom Stirnzapfen abgehoben und emporgeschoben. Es muß demnach der ganze Schlauch aus ineinandergeschobenen Horntüten bestehen, von denen die in späteren Jahren gebildeten nicht mehr bis an die Kruckenspitze reichen dürften und wahrscheinlich oben offen sind (Abb. 47). An jeder Tüte sind somit zwei Anteile auseinanderzuhalten, ein freier und ein gedeckter Abschnitt. Der erstere entspricht dem zwischen zwei Jahresringen an der

Oberfläche der Krucke zutage tretenden Anteil, der letztere erscheint unter die früher gebildeten Tüten eingeschoben. Nur die im ersten Jahr gebildete Hornmasse liegt im ganzen frei zutage. In den späteren Jahren nimmt der gedeckte auf Kosten des freien Teiles zu, und vom 6. Jahre an beträgt der freie Teil nur noch je 1 mm.

Ganz ähnlich scheinen die Verhältnisse auch an anderen Gehörnen zu liegen. Auch die Schnecken des Muffelwildes (Abb. 48) und die Hörner des Steinwildes zeigen Jahresringe wie die Gemskrucke, so daß man auch hier das Alter ziemlich genau ablesen kann. Die Wülste an der Muffelschnecke und die Knoten am Steinbockhorn geben keinen Anhaltspunkt für das Alter, sondern entsprechen etwa den Schmuckrunzeln der Gemskrucke.

Altersbestimmung beim Federwild.

Es gibt ein durchaus verläßliches, in Jägerkreisen allerdings so gut wie unbekanntes Merkmal eines jeden Jungvogels, nämlich das Vorhandensein der *„Bursa Fabricii"*. Dieses merkwürdige Organ ist ein Anhangsgebilde der Kloake, eine mit zentralem Hohlraum versehene, im übrigen aber ziemlich kompakte, wirbelsäulenwärts gerichtete Ausstülpung des Darmes knapp oberhalb der Afteröffnung. Bei einem Vogel von der Größe eines Huhnes erreicht das Organ nahezu Haselnußgröße, so daß es beim Ausnehmen eines Vogels auch von einem Ungeübten kaum übersehen werden kann (Abb. 49).

Seinem Bau nach gehört es in die Gruppe der „Blutbildenden Organe", da in ihm weiße Blutzellen gebildet werden. Vielleicht kommt ihm aber gleichzeitig die Bedeutung einer hormonalen Drüse zu, d. h. einer Drüse, deren Sekret als Reizstoff (Hormon) direkt in die Blutbahn gelangt. Es hat in jeder Hinsicht große Ähnlichkeit mit dem Halsbries (Thymus), und deshalb habe ich auch die Bezeichnung *„Kloakenbries"* für dieses Organ vorgeschlagen. Mit dem Halsbries stimmt es auch insofern überein, als es sich mit dem Eintritt der Geschlechtsreife rückbildet und schließlich vollständig verschwindet. Besitzt somit ein Vogel noch ein Kloakenbries, so handelt es sich bestimmt um einen Jungvogel.

So ist z. B. beim einjährigen, während der Balzzeit geschossenen Auerhahn höchstens noch ein kleiner Rest von ihm vorhanden. Eine im Herbst geschossene Schnepfe, die noch ein Kloakenbries hat, ist sicher eine Jungschnepfe desselben Jahres. Aus dem Vorhandensein oder Fehlen dieses Organs könnte demnach auch die früher viel umstrittene Frage, ob die Gewichts- und Größenschwankungen bei den Herbstschnepfen als Rassen- oder Altersunterschiede zu werten sind, leicht ent-

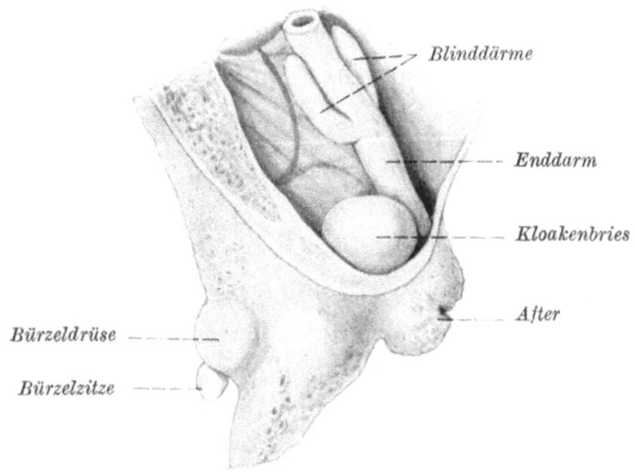

Abb. 49. Hinterer Rumpfabschnitt einer jungen Rabenkrähe in Seitenansicht. Die seitliche Bauchwand wurde entfernt. Nat. Gr.

schieden werden. Auch die erfahrene Köchin wird danach unterscheiden können, ob es sich um ein Backhuhn und nicht etwa um ein ihr vom Händler angehängtes altes Zwerghuhn handelt.

Daß beim Spielhahn die als Hutschmuck geschätzten krummen Stoßfedern für die Altersschätzung eine Rolle spielen, ist jedem Jäger bekannt. Der Jahrling zeigt jederseits nur eine, der zweijährige Hahn zwei, der dreijährige drei und der vierjährige oder noch ältere soll mit vier krummen Federn prahlen. Meiner Erfahrung nach sind aber vier wirklich stark gekrümmte Federn so selten, daß ich glaube, die meisten Spielhähne bleiben auch im höheren Alter bei den drei krummen. Ein Längerwerden dieser Federn mit zunehmendem Alter scheint zuzutreffen, nicht aber, wie häufig angenommen wird, ein Schmälerwerden derselben. Die wechselnde Breite dürfte viel eher ein Rassenmerkmal sein.

Auch beim Auerhahn hat man an den Stoßfedern Altersmerkmale gesucht. Während beim jungen Hahn die Stoßfedern leicht abgerundet (konvex) enden, erscheinen bei älteren Hähnen namentlich die mittleren dieser Federn gerade abgestutzt und bei ganz alten Hähnen sogar leicht konkav begrenzt. Früher hat man auch der Beimengung von Weiß zum schwarzen Stoß und Unterstoß eine Bedeutung beigelegt. Je mehr Weiß im Stoß, um so jünger sollte der Hahn sein. Es hat sich aber herausgestellt, daß es sich hierbei um indi-

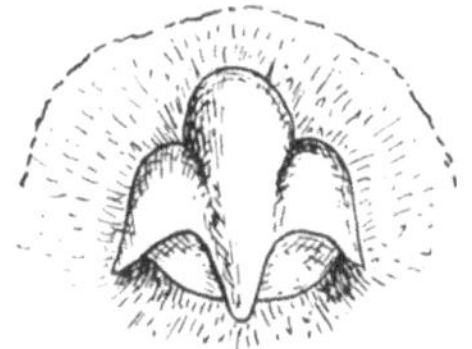

junger Hahn   alter Hahn

Abb. 50. Schnabel vom Auerhahn in Vorderansicht (nach von Rokitansky)

viduelle, vielleicht Familien- oder Rassenunterschiede handelt. Es kann demnach ein Hahn mit rein schwarzem Stoß jung und ein Hahn mit stark geschecktem Stoß alt sein. Dasselbe gilt auch bezüglich der ziemlich großen Gewichtsschwankungen des Auerhahnes.

Abgesehen von den Stoßfedern dürfte auch das kurze und steife, am Daumen sitzende Schwungfederchen einen Anhaltspunkt für das Alter geben. Diese Federchen sind namentlich bei der Schnepfe als „*Graneln*" oder „*Malfedern*" bekannt und werden vom Jäger als Trophäen auf den Hut gesteckt. Der Maler mag sie als Pinsel verwenden. Der Biologe schätzt sie, in einen Nadelhalter gefaßt, als vorzügliche Werkzeuge für feine präparatorische Arbeiten, z. B. zum schonenden Isolieren von zarten Gewebsteilen. Die Graneln des alten Auerhahnes sind größer als die des jungen.

Am Oberschnabel soll das sicherste Kennzeichen des alten Auerhahnes die Ausbildung von je einer Rille zu beiden Seiten des Schnabelfirstes sein (Abb. 50). Beim ein- bis zweijährigen Hahn erscheint der Hornschnabel noch glatt. Beim dreijährigen Hahn beginnt, von den Nasenlöchern ausgehend, die Rillenbildung. Im fünften bis sechsten Jahre erstrecken sich die Rillen schon über den größeren Teil des Schnabels und sollen beim zehnjährigen Hahn nahezu die Schnabelspitze erreichen.

Die Stärke des Hornschnabels, seine Färbung und die Ausbildung des Hakens an der Spitze des Oberschnabels geben kaum sichere Anhaltspunkte für das Alter. Diese Eigenschaften hängen hauptsächlich vom Abnützungsgrad des Schnabels ab. Da die Beanspruchung des Schnabels im Winter durch die harte und zähe Äsung, die hauptsächlich aus Kiefern- und Fichtennadeln besteht, besonders groß ist, erscheint der Hornschnabel im Frühjahr am stärksten abgenützt. Im Sommer tritt nun eine „Schnabelmauser" ein, indem der Hornschnabel entweder in großen Platten oder sogar als Ganzes abgestoßen wird. Um diese Zeit äst der Hahn hauptsächlich Beeren und weiche Blätter. Nun erneuert sich wieder die Hornscheide und erreicht schließlich ihre ursprüngliche Stärke und Härte. An den Schädelknochen dürften sich gleichfalls Anhaltspunkte für die Altersbestimmung finden lassen, doch wären diesbezüglich noch weitere Untersuchungen anzustellen.

Bei vielen Federwildarten unterscheidet sich das Jugendkleid von dem des erwachsenen Vogels. Da aber in der Regel schon mit der ersten Mauser das endgültige Kleid erreicht wird, so soll hier nicht näher auf diese Unterschiede eingegangen werden.

Die äußere Haut.

Für die äußere Haut sind bei den verschiedenen jagdbaren Tieren verschiedene Bezeichnungen im Gebrauch. So sprechen wir bei Hirsch, Reh und Gemse von einer Decke, bei kleine-

ren Säugetieren (Hase, Fuchs, Marder usw.) und auch bei
Vögeln von einem Balg, beim Schwarzwild und Dachs von der
Schwarte. Die Bezeichnung Pelz wird hauptsächlich für die
zu Pelzwerk verarbeitete Haut von Pelztieren gebraucht, während sie im ungearbeiteten (aber aufgeschnittenen) Zustande
gewöhnlich als Fell bezeichnet wird.

Die äußere Haut (Abb. 51) setzt sich stets aus drei Schich-

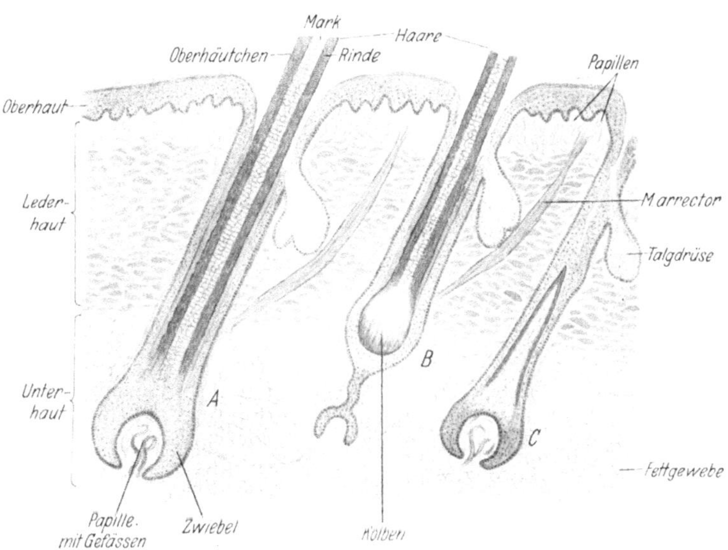

Abb. 51. Durchschnitt durch die behaarte Haut (schematisch). *A* Papillenhaar, *B* Kolbenhaar, *C* neue Haaranlage auf der alten Papille.

ten zusammen: der Oberhaut (Epidermis), der Lederhaut
(Corium) und der Unterhaut (Subcutis).

Die *Oberhaut* besteht aus einem sogenannten geschichteten
Pflasterepithel, d. h. aus vielen übereinandergeschichteten
Zellagen. Die oberflächlichsten, aus stark abgeplatteten Zellen
bestehenden Schichten sind stets verhornt. Durch diese Ver-
hornung wird die Epidermis widerstandsfähiger gegen äußere
mechanische Einwirkungen, und außerdem schützt die Horn-
schicht die tieferliegenden Schichten vor Eintrocknung. An

der Oberfläche werden fortwährend verhornte Zellschuppen abgestoßen, für die durch Teilung der Zellen in den tieferen, unverhornten Lagen Ersatz geschaffen wird. Es sind demnach die Zellen der Oberhaut verhältnismäßig kurzlebig. Eine besonders lebhafte Abstoßung von Oberhautzellen, und zwar oft in größeren zusammenhängenden Fetzen, tritt bei vielen Tieren (z. B. beim Seehund und Auerhahn) zur Zeit des Haar- bzw. Federwechsels, der Mauserung, ein, so daß man auch von einer Mauserung der Oberhaut sprechen kann.

Die *Lederhaut* bildet den mechanisch wichtigsten und im allgemeinen auch mächtigsten Anteil der äußeren Haut. Sie besteht aus faserigem (fibrillärem) Bindegewebe, dessen Bündel von elastischen Fasern umsponnen und durchsetzt werden. Dem Bau nach kann man zwei nicht scharf abzugrenzende Lagen unterscheiden: den der Oberhaut zugewendeten, stets schwächer ausgebildeten und aus feineren Bündeln bestehenden Papillarkörper (Stratum papillare) und die tiefer gelegene viel mächtigere Netzlage (Stratum reticulare). Die Bezeichnung Papillarkörper rührt daher, daß die Lederhaut nirgends eine glatte Oberfläche besitzt, sondern daß sich an ihr dichtgestellte, stumpf kegelförmige Vorragungen, „Papillen", in die Oberhaut vorwölben, deren Hauptaufgabe darin besteht, die Ernährung der Oberhaut zu erleichtern. Die Oberhaut ist nämlich stets gefäßfrei, während die Papillen feinste Blutgefäße enthalten.

Das Stratum reticulare besteht aus groben Faserbündeln, die hauptsächlich parallel zur Hautoberfläche verlaufen und sich recht- oder spitzwinklig, ähnlich etwa wie in einer Strohmatte, überkreuzen. Von der Beschaffenheit der Netzlage hängt in erster Linie die Qualität des Leders ab. Die Oberhaut geht bei der Lederbearbeitung zugrunde, und der Papillarkörper verursacht infolge seines feinfaserigen Baues lediglich die Glätte der „Narbenseite" und die Undurchlässigkeit für Wasser. Jedenfalls darf das Stratum reticulare als der mechanisch wichtigste Anteil der äußeren Haut angesehen werden. Ihm verdankt sie die Widerstandskraft gegen äußere Einwirkungen; ihre Zugfestigkeit dem Bindegewebe, ihre Elastizität den elastischen Fasern.

76

Von der Anordnung der Bindegewebsbündel in der Lederhaut hängt die *Dehnbarkeit* der Haut ab. Das Bindegewebe ist
außerordentlich zugfest, dabei aber kaum dehnungselastisch.
Wären alle Bindegewebsbündel quer oder parallel zur Längsachse des Rumpfes angeordnet, so wäre eine Dehnung der
Haut, wie sie etwa bei stärkerem Fettansatz auftreten muß,
nicht möglich. Da aber die Bündel schräg zur Längsachse des
Rumpfes verlaufen und sich spitz- bis rechtwinklig überkreuzen, somit ein rhombisches Maschenwerk bilden, ist die

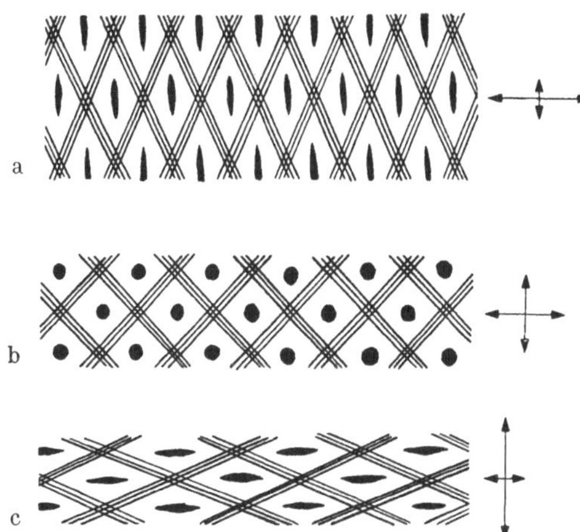
Abb. 52. Schema der Spannungs- und Spaltungsrichtung der Haut.

Haut sowohl in querer als auch in der Längsrichtung dehnbar.
Das Ausmaß der Dehnbarkeit hängt von dem Winkel ab,
unter dem die Überkreuzung erfolgt.

Zum leichteren Verständnis des Gesagten sei auf Abb. 52
verwiesen. Überkreuzen sich die Bündel unter rechtem Winkel (b), so ist die Dehnbarkeit der Haut in der Längs- und
der Querrichtung gleich groß, was durch die Pfeile rechts an-
gedeutet wird. Bei einem Zug in der Längsrichtung würden
die Rauten die Form von a, bei einem Zug in der Querrichtung die Form von c annehmen. Sind hingegen die Bündel
wie in a angeordnet, d. h. nähert sich die „Spannungsrichtung" der Bündel mehr der Längsachse des Rumpfes, so ist

die Dehnbarkeit der Haut in der Längsrichtung nur gering, hingegen ausgiebig in querer Richtung; umgekehrt bei einer Spannungsrichtung, die sich mehr der Querachse des Rumpfes nähert wie in c.

Von der Spannungsrichtung der Haut hängt auch ihre *Spaltungsrichtung* ab. Sticht man mit einer spulrunden Ahle in die Haut, so entsteht nur dort ein rundes Loch, wo sich die Bündel rechtwinklig überkreuzen, in allen anderen Fällen ein schlitzförmiger Spalt, der mit der Spannungsrichtung, d. h. mit der größeren Diagonale der Rauten, zusammenfällt (a und c). Bei Schußverletzungen entstehen wohl stets runde Löcher, da durch die Geschwindigkeit der Geschosse die Faserbündel glatt durchschlagen werden und nicht wie beim Einstechen einer Ahle nur auseinanderweichen. Künstlich gespannte Haut kann leicht in Streifen entsprechend der Spannungsrichtung getrennt werden, viel weniger leicht in der dazu senkrechten Richtung. Wunden in der Spannungsrichtung klaffen viel weniger weit als Wunden in darauf senkrechter Richtung. Am Rumpf verlaufen die Spaltungsrichtungen im allgemeinen gürtelförmig, an den Läufen fallen sie mehr mit deren Längsachse zusammen.

Die *Unterhaut* schließt sich ohne scharfe Grenze der Lederhaut an und vermittelt die Verbindung der Haut mit ihrer Unterlage. In ihr verlaufen die Bindegewebsbündel weniger straff gespannt. Sie sind mehr oder weniger deutlich zu Lamellen geordnet, zwischen denen zahlreiche Spalten liegen. Wegen seines lockeren Baues ermöglicht das Unterhautgewebe die Verschiebbarkeit der Haut auf ihrer Unterlage. Gegenüber der Lederhaut ist die Unterhaut vor allem dadurch ausgezeichnet, daß sie stets in größerer oder geringerer Menge Fettgewebe enthält. Bei größerem Fettgehalt wird sie auch als Unterhautfettgewebe (Panniculus adiposus) und bei sehr starkem Fettgehalt, wobei das Bindegewebe ganz in den Hintergrund tritt, als Speck oder Feist bezeichnet. Bei einem Feisthirsch kann die Feistschicht eine Dicke von acht bis zehn Zentimeter erreichen.

Die Unterhaut bildet eine Vorratskammer, ein Depot für Nahrungsstoffe, die in Zeiten reichlicher Ernährung (Feistzeit!) sich dort in großer Menge ansammeln, um in Zeiten schlechter Ernährung oder erhöhten Stoffumsatzes (Brunftzeit!) wieder aufgebraucht zu werden. Daher sehen wir auch beim Wild und namentlich bei den Winterschläfern (Dachs, Murmeltier) ausgesprochene jahreszeitliche Schwankungen im Fettansatz. Vor Eintritt des Winterschlafes erreicht dieser seinen Höhepunkt, um mit Beginn des Frühlings bzw. beim Erwachen aus dem Winterschlaf vollständig geschwunden zu sein. Schließlich bildet das Unterhautfettgewebe als schlechter Wärmeleiter einen Kälteschutz, daher auch seine starke Entwicklung bei den Robben.

Die Dicke der Haut (ohne Berücksichtigung der Unterhaut) ist nicht nur schwankend nach der Tierart, sondern bei einer bestimmten Art auch nach den Körpergegenden. Weiterhin schwankt sie nach Alter, Geschlecht und Rasse. Schließlich zeigt sie beim Wilde auch jahreszeitliche Schwankungen. Die Hautdicke ist bis zu einem gewissen Grad unabhängig von der Größe der Tierart. Wenn auch ein Elefant natürlich eine dickere Haut hat als eine Maus, so kann sie doch bei einem größeren Tier dünner sein als bei einem kleineren. So ist z. B. der Winterbalg eines Eichhörnchens bedeutend dicker als der des Schneehasen. Ja, letzterer ist so dünn, daß er nicht zu Pelzwerk verarbeitet werden kann und man Mühe hat, einen Winterschneehasen lochfrei auszubalgen, was beim Schneehasen im Sommerkleid leicht gelingt.

Ganz im allgemeinen gilt das Gesetz, daß einer größeren Haardichte eine dünnere Haut entspricht und umgekehrt. Es ist erwiesen, daß beim Schneehasen das weiße Winterkleid sich nicht nur durch geringere Hautdicke, sondern auch durch viel größere Haardichte gegenüber dem Sommerkleide auszeichnet. Diese Unterschiede sind auch beim Feldhasen, allerdings in geringerem Ausmaße, nachzuweisen. Auch an anderen Wildarten sind ähnliche Unterschiede bekannt, wenn auch nicht zahlenmäßig nachgewiesen, so z. B. bei Hirsch, Reh und Gemse. Vor allem wissen das die Fellhändler, die für eine Sommerdecke dieser Wildarten mehr bezahlen als für deren Winterdecke. Und wer sich eine „Gamslederne" anfertigen läßt, wählt hierzu das Sommerleder, weil er weiß, daß dieses dicker und dadurch widerstandsfähiger ist als das Winterleder. Auch hier dünnere Haut bei dichterer Behaarung und umgekehrt!

Über die örtlichen Schwankungen der Hautdicke läßt sich ganz allgemein sagen, daß die Rumpfhaut in der Mittellinie des Rückens am dicksten ist, an den Flanken allmählich dünner und am Bauch am dünnsten wird. An den Läufen ist die Haut an der Außenseite dicker als an der Innenseite. Eine örtliche Verdünnung der Haut läßt sich anscheinend überall dort beobachten, wo regelmäßig Körperteile sich gegeneinander verschieben, so vor allem am Ansatz der Läufe an den Rumpf. Beim Leder wächst die Reißfestigkeit mit der Dicke. Die Dehnungsfähigkeit steht im umgekehrten Verhältnis zur Reißfestigkeit.

Die Behaarung.

Da beim Menschen infolge der Domestikation die Behaarung immer mehr und mehr zurückging, bis er, mit Ausnahme ganz bestimmter Körperstellen, praktisch genommen nackt wurde und infolgedessen mehr und mehr unter der Kälte zu leiden hatte, mußte er für einen Ersatz sorgen. Da lag es am nächsten, sich ein neues Haarkleid beizulegen. So bekleidete er sich mit den Decken des von ihm erlegten Wildes. Als er gelernt hatte, Haustiere zu halten, verwendete er zu seiner Bekleidung gewöhnlich nicht mehr die Decke im ganzen, sondern nur noch die Haare, und zwar hauptsächlich die des Schafes, die er zu Wollstoffen verarbeitete. Auch heute sind ja noch Schafwollstoffe und die verschiedenen Pelze als die besten Kälteschutzmittel im Gebrauch, für die es keine vollwertigen Ersatzmittel gibt. Schon daraus geht hervor, daß das Haarkleid auch dem Wilde in erster Linie als Schutz gegen die Kälte dient.

Die Haare (Abb. 51) sind schräg in die Haut eingepflanzte, verhornte, elastische Bildungen der Epidermis. Der frei vorragende, in die Haarspitze auslaufende Teil wird als Haarschaft, der in einer Einsenkung der Haut, der Haartasche

(Haarbalg), gelegene und dort fest verankerte Teil als Haarwurzel bezeichnet. Letztere zeigt basal eine kolbenförmige Auftreibung, die Haarzwiebel, in die von der Lederhaut die Papille vorragt. Wie alle Papillen der Lederhaut, so führt auch die Haarpapille Blutgefäße, die der Ernährung des ganzen Haares dienen. Von ihr geht das Wachstum des Haares aus, das so lange anhält, als die Haarzwiebel mit der Papille in Verbindung steht.

Am Haar unterscheidet man nach Form und Anordnung der Zellen von außen nach innen: das Haaroberhäutchen, die Rinden- und die Marksubstanz. Aus den Verschiedenheiten in der Ausbildung dieser Schichten läßt sich mit ziemlicher Sicherheit die Zugehörigkeit eines Haares zu einer bestimmten Tierart ermitteln, was allerdings dadurch erschwert wird, daß bauliche Unterschiede auch zwischen Sommer- und Winterhaar und zwischen Haaren verschiedener Körpergegenden bestehen.

Das Haaroberhäutchen besteht aus einer einfachen Lage von dachziegelartig angeordneten, verhornten Zellschuppen, wodurch die Oberfläche des Haares (am Längsschnitt) wie mit Sägezähnen, die nach oben vorragen, besetzt erscheint. Da auch die Haartasche (als innerste Schicht) ein ähnlich gebautes Häutchen, das Scheidenoberhäutchen, besitzt, nur mit dem Unterschied, daß hier die Zähne nach unten vorragen, so greifen die Zähne beider Häutchen ineinander. Von dieser Verankerung hängt die sehr wechselnde Reißfestigkeit der Haare ab. Daß diese sehr groß sein kann, weiß jeder Jäger, der einmal eigenhändig einen Gemsbart gerupft hat.

Die Rindensubstanz besteht aus mehreren (oft sehr vielen) Lagen von stark verhornten, spindelförmigen, in der Längsrichtung des Haares angeordneten Zellen. Sie sind die Hauptträger des Pigmentes, das dem ganzen Haarkleid die Farbe verleiht. Pigment kann zwar auch in der Marksubstanz vorkommen; es wirkt sich aber auf die Eigenfarbe des ganzen Haares viel weniger aus, da es durch die Rindensubstanz verdeckt wird.

Die Marksubstanz besteht aus mehr kubischen, weniger stark verhornten Zellen, die die Achse des Haares einnehmen.

Sie ist der Träger von Luft, die in Form von Blasen sowohl innerhalb der Zellen als auch zwischen diesen vorkommt. Sind im Alter die Haare pigmentlos geworden, so erscheinen sie wegen des Luftgehaltes der Marksubstanz weiß. Die Mächtigkeit der Marksubstanz und auch des Luftgehaltes ist außerordentlich schwankend.

Als ich zum erstenmal ein Hirschhaar mikroskopisch untersuchte, war ich von der außerordentlich großen in ihm enthaltenen Luftmenge, die die Hauptmasse des ganzen Haares ausmacht, überrascht. Ich dachte mir, daß eine aus Hirschhaar hergestellte Weste ein vorzüglicher Schwimmgürtel sein müßte. Wie ich später erfuhr, kamen auch schon andere vor mir nicht nur auf diesen Gedanken, sondern setzten ihn gleich in die Tat um. Es gibt nämlich Rettungsjacken, mit Rentierhaar gefüllt, die noch leichter und tragfähiger als Kork sind. Diese Jacken können einen erwachsenen Mann über Wasser halten. Auch Rettungsgürtel aus demselben Material wurden angefertigt, die ihre Tragfähigkeit auch nicht durch mehrmaligen Gebrauch und anschließendes Austrocknen verlieren.

Der große Luftgehalt der Haare kommt allen Hirscharten (Cerviden) vom Elch bis zum Reh zu, und deshalb sind auch alle, trotz ihrer zum Paddeln wenig geeigneten Läufe, vorzügliche und ausdauernde Schwimmer, die auch ohne dringende Not große Gewässer durchschwimmen oder, wie der Jäger bezeichnend sagt, „durchrinnen“. Sie tragen ja alle einen Schwimmgürtel, der sie über Wasser hält, so daß sie sich z. B. in einem Fluß nahezu passiv durch die Strömung auf das andere Ufer treiben lassen können. Auch anderen Wildarten, wie dem Hasen und Fuchs, erleichtert der Luftgehalt des mächtig entwickelten Haarmarkes sehr wesentlich das Schwimmen.

Zu jedem Haar gehören eine oder mehrere Talgdrüsen, deren Sekret, der Talg, zur Einfettung des Haares dient. Sie münden in die Haartasche, so daß der Talg direkt an die Haaroberfläche gelangt (Abb. 51). Durch die Einfettung bleiben die Haare geschmeidig, und die Haut wird außerdem vor Nässe geschützt. Weiterhin besitzt weitaus die Mehrzahl der Haare einen Muskel, den Haarbalgmuskel, oder, wie er nach

seiner Funktion genannt wird, den „Aufrichter des Haares"
(M. arrector pili). Dieser Muskel liegt stets auf der geneigten
Seite der Haarwurzel. Er entspringt ziemlich tief an der Haartasche, verläuft in schräger Richtung nach oben und strahlt
in die oberflächlichen Schichten der Lederhaut ein. Bei seiner Kontraktion wird das Haar aufgerichtet und zugleich mit
seiner Umgebung etwas emporgehoben, so daß dadurch um
jedes Haar an der Hautoberfläche eine hügelartige Vorwöl-
bung entsteht, eine Erscheinung, die wir beim Menschen als
„Gänsehaut" bezeichnen. Beim Menschen tritt dieser Zustand
besonders in der Kälte ein, dann aber auch bei psychischen Er-
regungen: Furcht, Schrecken usw. Die Redensart, daß einem
vor Angst „die Haare zu Berge stehen", hat somit ihre Berechtigung.

Der Jäger kennt dieses Aufrichten, das Sträuben, namentlich der Rückenhaare, nicht nur von seinem Hunde her, sondern beobachtet es auch zur Brunftzeit beim Gemsbock, der
beim Nahen eines Rivalen aus Zorn die langen Rückenhaare,
den Bart, sträubt. Noch eine andere, auf die Tätigkeit der
Haarmuskeln zurückzuführende Erscheinung ist dem Jäger
bekannt, nämlich das *Spreizen des Spiegels* beim Reh. Dieser
namentlich im Winterkleide sehr auffällige weiße rundliche
Fleck um das Weidloch, der bei der Geiß größer ist als beim
Bock, kann durch Auseinanderspreizen der langen weißen
Haare auf mehr als das Doppelte vergrößert werden. Das geschieht, sobald das Reh eine Gefahr wittert und ist gewissermaßen eine Vorbereitung zur Flucht. Der Jäger weiß, daß
ein Reh mit vergrößertem Spiegel gleich flüchtig abgehen
wird und achtet daher auch beim Anpirschen auf das „Mienen-
spiel" des Spiegels. Flüchtet nun das Reh mit gespreiztem
Spiegel, so wirkt dieser als „Diebeslaterne", da er auch in der
Dämmerung noch weithin sichtbar bleibt und es namentlich
dem Kitz erleichtert, die Fluchtrichtung seiner Mutter ein-
zuhalten.

Abgesehen von den borstenartigen Schnurrhaaren, die sich
hauptsächlich im Gesicht finden, als Tastorgane aufzufassen
sind und deshalb auch als Spürhaare bezeichnet werden, kann
man folgende drei Hauptarten von Haaren unterscheiden:

1. die Leithaare, 2. die Grannenhaare und 3. die Wollhaare
(Abb. 53). Die beiden ersteren Arten bilden das Deckhaar,
die letztere das Unterhaar.

Die *Leithaare* sind die längsten, kräftigsten und zugleich
spärlichsten Fellhaare. Abgesehen von einer Verjüngung an
ihrer Basis und Spitze sind sie ziemlich gleichmäßig dick und
gerade. Da die Leithaare alle übrigen Haare überragen, dienen
sie vornehmlich dem Tastsinn.

Die viel zahlreicheren *Grannenhaare* sind durch eine Verdickung (Granne) im Spitzenteil ausgezeichnet. Sie sind kürzer
und meist stärker gekrümmt als die Leithaare. Ihre Grannen
bilden die eigentliche Fell-
oberfläche und in erster
Linie einen Schutz gegen
mechanischeEinwirkungen.

Noch kürzer sind die zar-
ten, gewellten oder gekräu-
selten, ihrer ganzen Länge
nach gleichmäßig dicken
Wollhaare. Sie dienen (im
Verein mit den basalen
Abschnitten der Grannen-
haare) durch die zwischen
und in ihnen enthaltene
Luft als Wärmespeicher,

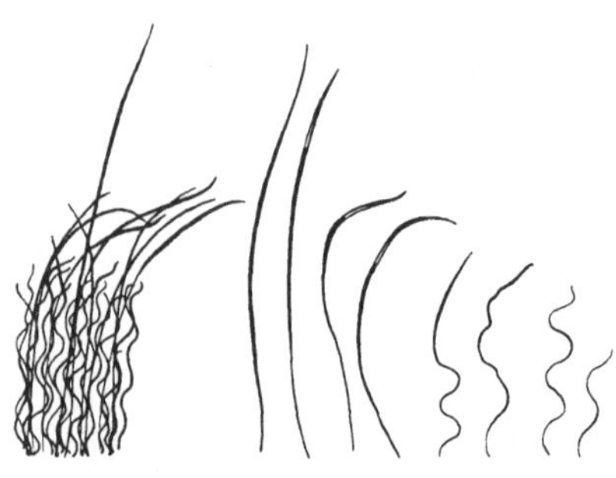

Abb. 53. Haarbüschel (links) und verschiedene Haarformen (rechts) vom
Feldhasen (nach Toldt). $^3/_4 \times$.

als Kälteschutz, und erhöhen außerdem die Geschmeidigkeit
(Federung) des Haarkleides.

Zwischen diesen Haupttypen der Haare gibt es fließende
Übergänge. Außerdem kann auch die eine oder andere Art
vollständig fehlen. Jedenfalls sind die Verschiedenheiten des
Haarkleides nach Art und Örtlichkeit aus der verschiedenen
Ausbildung und aus dem zahlenmäßig verschiedenen Auftreten bzw. Fehlen der einzelnen Haarhauptformen zu erklären.

Die Dichte der Behaarung wird vor allem durch die Zahl
der Haare auf der Flächeneinheit bestimmt. Diese Zahl
schwankt außerordentlich nach der Tierart und nach der
Körperstelle. Sie ist außerdem größer im Winter- als im

84

Sommerkleide. So wurden z. B. am getrockneten Balg des Schneehasen im Sommer auf $1\,cm^2$ 214, im Winter 756, beim Feldhasen im Sommer 327, im Winter 452 Deckhaare gezählt. Außerdem ist auch die Länge der Haare im Winterfell größer als im Sommerfell.

Haarwechsel.

Hat ein Haar sein Wachstum beendet, so löst es sich von der Papille, rückt etwas empor, die Haarzwiebel wird zum vollständig verhornten, massiven „Haarkolben". Man bezeichnet ein derartiges Haar als *„Kolbenhaar"* zum Unterschied vom *„Papillenhaar"*, dessen Zwiebel noch mit der Papille in Verbindung steht (Abb. 51). Da die Ernährung und somit auch das Wachstum von der gefäßhaltigen Papille ausgeht, ist das Papillenhaar lebend und noch wachsend, das Kolbenhaar hingegen abgestorben. Das Kolbenhaar fällt aber erst dann aus, wenn sich auf der alten Papille ein neues Haar gebildet und die Hautoberfläche durchbrochen hat. Dieser Haarwechsel erfolgt bei unserem Haarwild jährlich zweimal, im Frühjahr und im Herbst.

Für das Haarkleid der Gemse ergibt sich z. B. folgender Jahreszyklus: Winterpapillenhaare $2^1/_2$ Monate, Winterkolbenhaare 6 Monate, Dauer des Winterkleides somit $8^1/_2$ Monate; Sommerpapillenhaare 2 Monate, Sommerkolbenhaare $1^1/_2$ Monate, Dauer des Sommerkleides somit $3^1/_2$ Monate. Dem periodischen Haarwechsel entspricht beim Federwild die Mauserung.

Am auffälligsten tritt natürlich der Haarwechsel bei Arten in Erscheinung, deren Sommer- und Winterkleid wesentlich verschieden gefärbt sind, somit vor allem bei den winterweißen Wildarten. Obwohl es einwandfrei erwiesen ist, daß beim Schneehasen, beim großen und kleinen Wiesel die Bildung des weißen Winterkleides durch den Herbsthaarwechsel und die des farbigen Sommerkleides durch den Frühjahrswechsel erfolgt, taucht — namentlich für den Schneehasen —

immer wieder die irrige Behauptung auf, daß das Winterkleid durch ein Ausbleichen der Sommerhaare, oder auch umgekehrt, das Sommerkleid durch eine Pigmentierung der weißen Winterhaare entstehen soll. Tatsächlich fällt aber jedes farbige Haar im Herbst und jedes weiße Haar im Frühjahr aus. Dasselbe gilt auch bezüglich der Federn des Schneehuhns.

Im allgemeinen erstreckt sich der Herbsthaarwechsel über eine längere Zeit als der Frühjahrswechsel, der oft förmlich überstürzt ablaufen kann. Niemals erfolgt der Haarwechsel am ganzen Körper gleichzeitig. Doch lassen sich allgemeingültige Regeln über die Reihenfolge des Haarwechsels in den verschiedenen Körpergegenden kaum aufstellen. Beim Schneehasen und Wiesel breitet sich die Verfärbung im Herbst von der weißen Bauchseite ausgehend immer weiter gegen den Rücken hin aus, so daß das Sommerkleid am längsten am Rücken als dunkler Längsstreifen erhalten bleibt.

In Jägerkreisen ist vielfach die Ansicht verbreitet, daß ein frühzeitiges Eintreten der Herbstverfärbung beim Wilde auf früh einsetzende Kälte und einen strengen Winter schließen läßt. Eine gewisse Abhängigkeit des Haarwechsels von den Temperaturschwankungen besteht sicher. Hierfür spricht der Umstand, daß bei Bewohnern warmer Zonen, des hohen Nordens und des Wassers (z. B. beim Fischotter) sowie bei domestizierten Tieren der jahreszeitliche Haarwechsel mehr verwischt erscheint, d. h. es können hier jederzeit einzelne Haare gewechselt werden.

Ausgenommen von dem alljährlich zweimaligen Wechsel sind die Schnurrhaare, die eine viel längere Lebensdauer haben, und der Gemsbart, bei dem der Herbsthaarwechsel ausbleibt[1]. Es stecken somit die zur Gruppe der Leithaare gehörigen Barthaare ein volles Jahr, von einem bis zum nächsten Frühjahrshaarwechsel, in der Decke. Der Jäger schätzt am Gemsbart außer der Länge, Weichheit und dunklen Färbung

---

[1] Da sogar auf einem Deckengemälde im Festsaal der Innsbrucker Hofburg ein Gemsbock mit einem schönen Ziegenbart dargestellt erscheint, so sei für den Laien bemerkt, daß man unter Gemsbart die langen, sorgfältig zusammengebundenen Haare aus der Mittellinie des Rückens vom Gemsbock versteht.

der Haare vor allem den „Reif", das sind die weißen oder gelblichen Haarspitzen. Eine gute Bereifung führt er gewöhnlich auf einen schneereichen und kalten Winter zurück. Bestände tatsächlich ein derartiger Zusammenhang, dann müßte angenommen werden, daß im Winter ein Ausbleichen der Haarspitzen eintritt, was aber keineswegs erwiesen ist. Im Gegenteil, der Reif ist auch schon an den Barthaaren im Sommer in gleicher Länge vorhanden wie im Winter.

Bei Arten, deren Winter- und Sommerkleid sich nicht wesentlich unterscheiden, wie z. B. beim Feldhasen, ist der Haarwechsel an der Außenseite (Haarseite) des Balges naturgemäß kaum erkennbar, wohl aber in jedem Fall auf der Innenseite (Fleischseite) des getrockneten Balges an dem Auftreten von dunklen Flecken und Streifen, der sogenannten *Schwarzledrigkeit* oder *Mauserzeichnung* (Abb. 54). Daher gilt auch ein schwarzledriger Balg eines Pelztieres mit Recht als minderwertig. Die alten, in Ausstoßung begriffenen Haare fallen

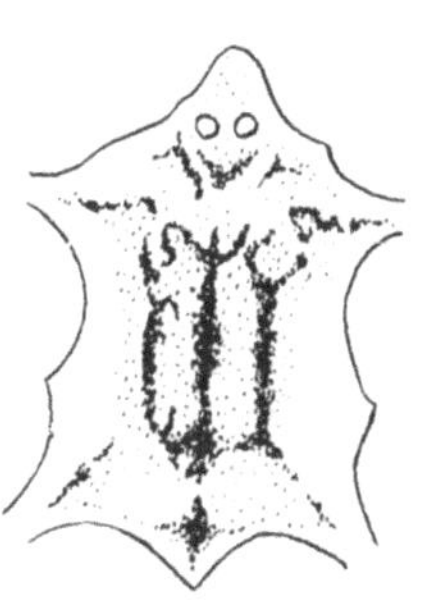

Abb. 54. Mauserzeichnung beim Feldhasen im Herbsthaarwechsel (nach Bernhauer).

leicht aus, und die jungen, nachsprossenden haben noch nicht ihre endgültige Länge erreicht.

Die dunklen Mauserflecken kommen dadurch zustande, daß die Haarzwiebeln bei den in Bildung begriffenen farbigen Haaren stets stark pigmentiert sind und durch die getrocknete Haut dunkel durchscheinen, während die ausgewachsenen alten Haare stets unpigmentierte Zwiebeln zeigen. Es entsprechen somit die hellen Stellen am schwarzledrigen Balg jenen, wo der Haarwechsel noch nicht begonnen hat, die dunklen jenen, wo der Haarwechsel im Gange ist. Auch nach Hautverletzungen, die zu einem Verlust der Haare geführt haben, können neue Haare nachsprossen und ähnliche Flecken („Verletzungsmauserflecken") hervorrufen.

Färbung des Wildes.

Die Haarpigmente schützen die Haut vor der schädlichen Wirkung zu starker Sonnenbestrahlung, namentlich gegen ultraviolette Strahlen. Daher sehen wir auch im allgemeinen die dem Lichte mehr ausgesetzte Rückenseite dunkler behaart als die Bauchseite. Von unseren Wildarten macht nur der Dachs eine Ausnahme, bei dem der Bauch dunkler erscheint als der Rücken. Er hat aber als ausgesprochenes Nachttier einen Sonnenschutz nicht nötig.

Jeder Jäger weiß, wie schwer es fällt, einem Neuling ruhendes Wild zu zeigen. Das beruht zum großen Teil darauf, daß die meisten Wildarten eine ausgesprochene Schutzfärbung, eine Anpassung an die Farbe ihrer Umgebung, zeigen. Am auffälligsten tritt das bei den winterweißen Arten in Erscheinung. Ein im Schnee sitzender weißer Hase oder ein winterweißes Schneehuhn hebt sich überhaupt kaum von der Umgebung ab. Selbst die auch im Winter schwarzen Stoßfedern (Steuerfedern) sind beim sitzenden Schneehuhn unsichtbar, da die oberen, weißen Schwanzdeckfedern so in die Länge gewachsen sind, daß sie die Steuerfedern vollständig verdecken. Erst im Fluge kommt der schwarze Stoß zur Geltung. Streicht ein Huhn ab, so wird dadurch den nachfolgenden Hühnern das Einhalten der Flugrichtung auch bei unsichtigem Wetter erleichtert. Eine Einrichtung, die in ihrer Bedeutung an den gespreizten Spiegel des flüchtigen Winterrehes erinnert. Auch das Winterschwarz der Gemse ist im scheckigen, weiß-schwarzen Wintergelände eine gute Anpassungsfarbe.

Gelegentlich kommt bei allen Wildarten totaler oder partieller *Albinismus* vor, d. h. vollständiger oder teilweiser Pigmentmangel, der sich auch vererben kann. Der „weiße Hirsch“ und der „Zlatorog“ existiert nicht nur im Liede und in der Sage, sondern taucht bald da, bald dort wieder einmal auf. Der Zlatorog allerdings nicht mit goldenen Hörnern wie in der Sage. Immerhin könnte einmal ein albinotischer Gemsbock erscheinen, bei dem auch die Krucken pigmentlos, und dann nicht schwarz, sondern horngelb wären und in der Sonne

88

goldig aufleuchten würden. Wenn es auch keine Gemse mit
goldenen Krucken gibt, so kommen doch solche mit „goldenen" Zähnen recht häufig vor. Die Backenzähne von Kalk-
gebirgsgemsen zeigen nämlich vielfach einen Belag mit goldig schimmerndem Zahnstein, der möglicherweise seinen Gold-
glanz dem Latschenpech verdankt.

Albinismus ist stets als abnorme Erscheinung aufzufassen,
und daher dürfen die winterweißen Tiere keineswegs etwa als
albinotisch bezeichnet werden. Albinos haben infolge des Pig-
mentmangels der Regenbogenhaut rote Augen, was bei den
winterweißen Tieren nicht der Fall ist. Viel seltener als Albinismus kommt das Gegenteil, nämlich *Melanismus* vor, eine
Überpigmentierung, die zu einer Schwarzfärbung des Haarkleides führt. Hierher wären die namentlich in Steiermark
ziemlich häufig vorkommenden Kohlgemsen zu rechnen. Auch
bei Rehen ist Melanismus nicht allzu selten beobachtet worden.

Zeichnung des Wildes.

Im allgemeinen gilt das Gesetz, daß bei wildlebenden Tieren
eine Zeichnung viel eher und deutlicher im Jugend- als im
Alterskleid auftritt. Selbst wenn ein erwachsenes Tier keine
Spur von einer Zeichnung erkennen läßt, kann das Jungtier
derselben Art deutlich gezeichnet sein. Es sei diesbezüglich
nur an das Rehkitz, Hirschkalb und den Frischling erinnert.

Als ursprünglichste und wohl auch häufigste Zeichnung
wildlebender Tiere darf eine Längsstreifung des Rumpfes angesehen werden. Am besten ausgeprägt sehen wir diese Zeichnung beim Frischling (Abb. 56). Die weißen Längsstreifen
können aber unterbrochen werden, so daß eine Scheckung entsteht, wobei aber die weißen Flecken meist mehr oder weniger
deutlich in Längsreihen angeordnet sind. Das ist beim Rehkitz
und Hirschkalb der Fall. Diese Scheckung bleibt auch beim
erwachsenen Damhirsch im Sommerkleide erhalten, während
sie beim erwachsenen Reh und Rothirsch nur in ganz seltenen
Ausnahmefällen beobachtet wurde. Auch beim nahezu aus-

getragenen Hasen-Fetus konnte ich eine Fellzeichnung nachweisen, die im wesentlichen als Längsstreifung zu bezeichnen
ist. Diese Zeichnung tritt an dem mit Glyzerin aufgehellten
Balg noch deutlicher hervor und zeigt eine Ähnlichkeit mit
der Mauserzeichnung (Abb. 55).

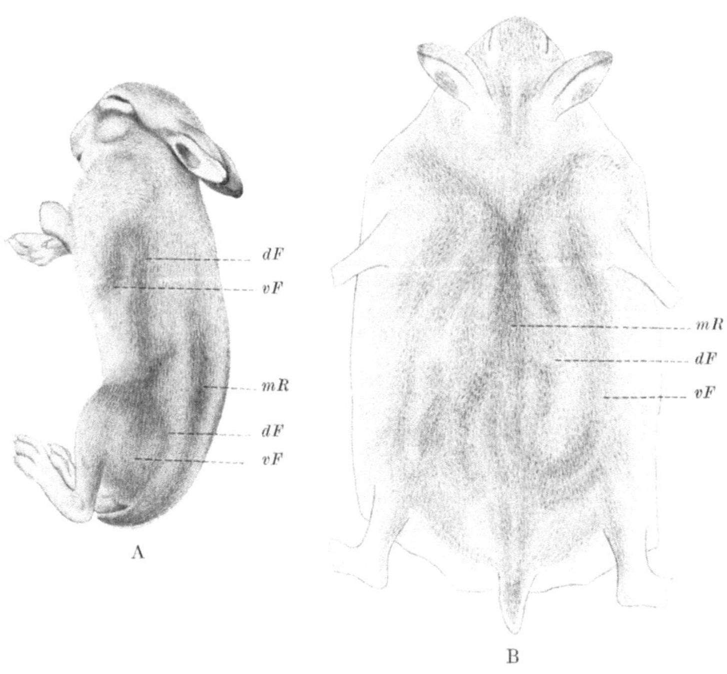

Abb. 55. Nahezu ausgetragener Feldhase mit deutlicher Fellzeichnung. *A* von
außen, *B* aufgehellter Balg im durchfallenden Licht. *mR* medianer Rücken-
streifen, *dF* dorsaler, *vF* ventraler Flankenstreifen.

Auch bei Haustieren, deren ursprüngliche Zeichnung infolge der Domestikation verwischt wurde, lassen Feten gelegentlich in der Anordnung der ersten Haaranlagen noch ein
Zeichnungsmuster erkennen, das an ihre wildlebenden Vorfah-
ren erinnert. Man spricht dann von einer *fetalen Wildzeichnung*. Eine derartige Wildzeichnung ist bei der Hauskatze
nachgewiesen. Sie kommt dadurch zustande, daß die beim

90

Hauskatzenfetus zuerst auftretenden Haaranlagen eine gleiche
Anordnung zeigen wie die schwarzen Fellstreifen der Wild-

Abb. 56. Wildschweinfrischling etwa 1 Monat
alt, von der Seite und von oben (nach Hickl).

katze. Ähnliche Verhältnisse liegen bei Feten vom Haus-
schwein vor. Auch hier entspricht die Anordnung der ersten

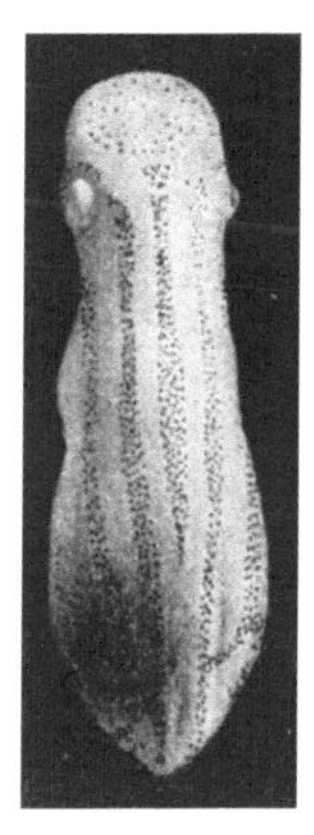

Abb. 57. Hausschweinkeimling 53 mm lang mit
den ersten Haaranlagen, von der Seite und von
oben (nach Hickl).

Haaranlagen genau den dunklen Längsstreifen des Wild-
schweinfrischlings (Abb. 56, 57).

Die Duft- oder Hautdrüsenorgane.

Allgemeines über die Hautdrüsen.

Der Pirschjäger wird immer wieder überrascht sein, daß ein Stück Schalenwild oft schon bei einer Entfernung von einem halben Kilometer flüchtig wird, obwohl es weder etwas Bedenkliches gesehen noch gehört haben konnte. Beachtet er die Windrichtung, so wird er bemerken, daß die Luftströmung gegen das Wild gerichtet war, und daß es somit nur die vom Jäger ausgehende Witterung gewesen sein kann, die das Wild zur Flucht veranlaßt hat.

Es gehören nämlich nahezu alle Haarwildarten zu den Nasentieren; sie sind makrosmatisch, d. h. der Geruchsinn spielt im Leben des Wildes eine ganz hervorragende Rolle, so daß zum Unterschied vom Menschen der Sehsinn, namentlich die Bildwahrnehmung, beim Wilde dem Geruchsinn gegenüber in den Hintergrund tritt. Das Zusammenfinden der Artgenossen, ja das Erkennen der einzelnen Individuen, das Zusammenfinden der Geschlechter, die geschlechtliche Erregung, somit auch die Fortpflanzung, das Auffinden der Nahrung, die Sicherung vor Feinden ist hauptsächlich eine Geruchssache. Naturgemäß müssen daher die verschiedenen Wildarten auch einen scharf kennzeichnenden Artgeruch und wohl auch Individualgeruch haben. Und weiterhin sehen wir, daß die meisten Haarwildarten einen feuchten Nasenspiegel besitzen, der dem Wilde sofort die Richtung angibt, aus der eine Witterung kommt. In Ermangelung des feuchten Nasenspiegels hebt der mikrosmatische Jäger den angefeuchteten Finger empor, um die Windrichtung zu prüfen.

Die Riechstoffe werden von Hautdrüsen, und zwar hauptsächlich den sogenannten Duftdrüsen abgesondert, die meist in Gruppen beisammenliegen und dann als Duftorgane bezeichnet werden. Zum näheren Verständnis des Aufbaues der Duftorgane muß ich mit ein paar Worten auf die verschiedenen Arten der Hautdrüsen eingehen. Außer den Milchdrüsen, die hier nicht näher in Betracht gezogen werden sollen, gibt es zwei verschiedene Gruppen von Hautdrüsen (Abb. 70). Die eine Gruppe bilden die *Knäueldrüsen.* Es sind das schlauchförmige Drüsen, deren Endstück aufgeknäuelt ist. Die andere Gruppe bilden die sackförmigen Drüsen, die gewöhnlich als *Talgdrüsen* bezeichnet werden. Die Knäueldrüsen zerfallen wieder in zwei Unterarten: die Schweißdrüsen und die Duftdrüsen.

Das Sekret der Schweißdrüsen ist der Schweiß, eine wässerige, salzige, farblose und stoffarme Flüssigkeit. Das Sekret der Duftdrüsen ist reich an Duftstoffen, hat daher einen intensiven Eigengeruch und ist mehr oder weniger braun gefärbt.

Keine Wildart besitzt Schweißdrüsen. Weder der Hase noch das Reh schwitzt, mögen sie auch stundenlang vom Hunde gehetzt werden. Auch der Hund schwitzt nicht, da auch die Raubtiere keine Schweißdrüsen besitzen. Die Wärmeabgabe findet beim Hunde außer durch die Ausatmung hauptsächlich dadurch statt, daß er die Zunge möglichst weit heraushängt, an deren verhältnismäßig großen Oberfläche eine lebhafte Verdunstung erfolgt.

Daß das Wild nicht schwitzt, haben die Jäger schon vor Jahrhunderten gewußt und wohl aus diesem Grunde das Blut des Wildes als Schweiß bezeichnet. Hingegen besitzt jedes Haarwild Talgdrüsen, die an die Haarwurzeln geknüpft sind, und deren Sekret, der Talg, vor allem zur Einfettung der Haare dient. Auch der Talg hat seinen spezifischen Geruch, der im allgemeinen aber nicht so penetrant ist wie der des Duftdrüsensekretes.

Die Duftorgane bestehen aus *Duftdrüsen* und modifizierten *Talgdrüsen,* wobei bald die eine, bald die andere Drüsenart wesentlich überwiegen, mitunter sogar vollkommen fehlen kann. Das Sekret der Duftorgane ist somit im allgemeinen ein Mischsekret, bestehend aus Duftstoffen und Talg, eine schmierige, bräunliche Masse, von penetrantem, aber bei den verschiedenen Tierarten recht verschiedenem Geruch.

Die Lokalisation der Duftorgane ist auch bei nahe verwandten Arten außerordentlich verschieden und hängt von der Lebensweise der betreffenden Art ab (Abb. 58). Ihrer biologischen Bedeutung nach kann man die Duftorgane in Markierungsorgane, Brunftorgane und Abwehrorgane einteilen. Den

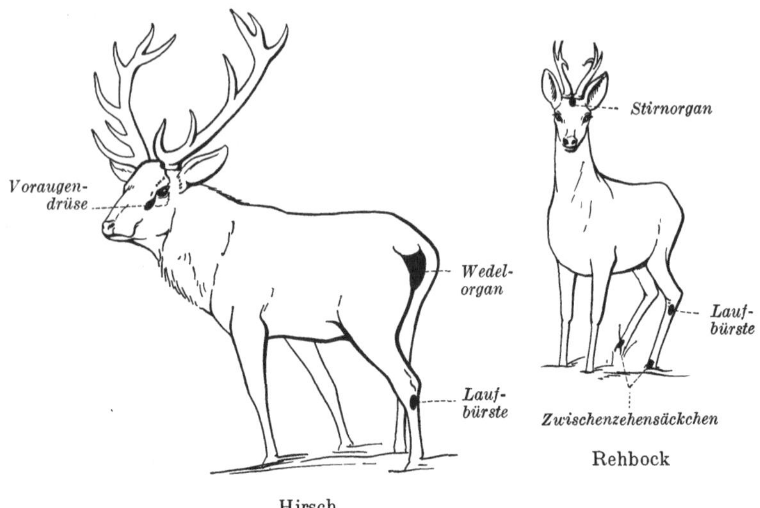

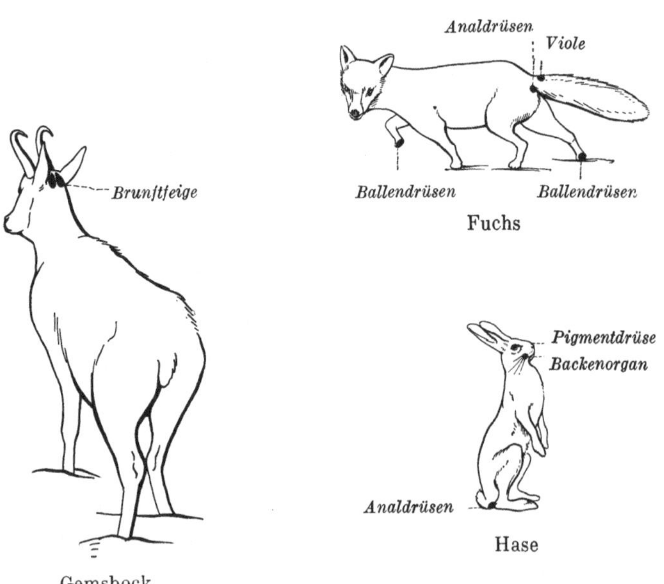

Abb. 58. Lokalisation der Duftorgane bei verschiedenen Wildarten.

94

Markierungsdrüsen kommt die Aufgabe zu, entweder der Fährte den spezifischen Artgeruch aufzudrücken, das sind die Fährtenmarkierungsdrüsen, oder eine Örtlichkeit, in der sich eine Wildart aufhält, mit Duftstoffen zu versehen, so daß ein hinzukommender Artgenosse durch den an der Örtlichkeit haftenden Geruch sofort erkennt, daß hier seinesgleichen gewesen ist. Das sind die Platzmarkierungsdrüsen. Die Markierungsdrüsen dienen demnach vor allem dem Auffinden der Artgenossen.

Die Brunftdrüsen sezernieren hauptsächlich nur während der Brunftzeit. Sie dienen der Auffindung und geschlechtlichen Erregung der Geschlechter. Sie können zugleich Markierungsdrüsen sein. Aus den Abwehrdrüsen wird das Sekret während der Verfolgung ausgestoßen und hält durch seinen penetranten, stechenden Geruch den Verfolger ab.

Markierungs- und Brunftdrüsen.

Wir sind nun soweit, um die Duftorgane bei den einzelnen Wildarten auf ihre Bedeutung hin untersuchen zu können. Sehen wir uns einmal das Rehwild an. Zunächst finden wir bei beiden Geschlechtern ein *Zwischenzehensäckchen*, ein *Inter-*

Abb. 59. Hinterlauf vom Rehkitz. Die eine Zehe wurde entfernt. Das Zwischenzehensäckchen von seiner Mündung aus sondiert.

digitalorgan (Abb. 59). Es ist das, wie der Name sagt, eine sackförmige Einsenkung der Haut zwischen den Zehen der Hinterläufe. An den Vorderläufen fehlen diese Säckchen. Die eingestülpte Haut ist durch mächtige Drüsenlager verdickt. Die Drüsen sind hauptsächlich große Duftdrüsen und daneben modifizierte Talgdrüsen. Beim Gehen und Springen wird durch den Druck der Zehen das Sekret ausgepreßt, benetzt die

Schalen und den Boden, so daß einem jeden Trittsiegel des
Hinterlaufes der spezifische Geruch aufgeprägt wird. Es ist
somit einleuchtend, daß es sich bei dem Zwischenzehensäckchen um ein Fährtenmarkierungsorgan handelt, das den Artgenossen, freilich aber auch dem Raubwild oder dem Jagdhund, das Verfolgen der Fährte erleichtert. Namentlich zur
Brunftzeit streift der suchende Bock mit dem Windfang am
Boden umher, bis er auf eine Geißenfährte stößt, die er dann
leicht zu verfolgen vermag. An dem Geruch der Fährte dürfte
er dann auch erkennen, um welche Geiß es sich handelt, ob
sie brunftig ist oder nicht usw. Da die Zwischenzehensäckchen schon beim Kitz gut entwickelt sind, erleichtern sie auch
der Geiß das Auffinden ihres Kitzes.

Zieht ein Reh durch dichtes Bodengestrüpp, z. B. durch
hohe Heidelbeer- oder Alpenrosensträucher, so wird natürlich
die Verfolgung der Fährte für den Artgenossen wesentlich erschwert, da er mit dem Windfang überhaupt kaum bis in die
Nähe des parfümierten Trittsiegels herankommt. Nun finden
wir aber beim Reh und auch bei anderen Cerviden an der
Außenseite der Hinterläufe ein zweites Duftorgan, die *Laufbürste* oder das *Metatarsalorgan* (Abb. 58 und 69). Äußerlich
markiert sich die Laufbürste als dunkel und länger behaarter,
etwas vorspringender Fleck. Unter dem Mikroskop findet man
an dieser Stelle wieder mächtig entwickelte Duftdrüsen und
modifizierte Talgdrüsen (Abb. 60). Beim Flüchten durch
Bodengestrüpp muß das Sekret der Laufbürste an dem Ge-
strüpp abgestreift werden. Es liegt somit der Gedanke nahe,
daß es sich auch hier um ein Fährtenmarkierungsorgan handelt, das das Zwischenzehensäckchen in seiner Funktion unter-
stützt und ergänzt.

Erwähnen will ich noch, daß die Antilopen beiderseits in
der Leistengegend ein Duftorgan besitzen, das *Inguinalorgan*.
Beim Ziehen durch das hohe Steppengras würde Zwischenzehensäckchen und Laufbürste zwecklos sein. Daher finden
wir hier viel höher oben ein Fährtenmarkierungsorgan ange-
bracht, dessen Duftstoff an das Steppengras abgestreift wird.
Ein schönes Beispiel dafür, daß die Lokalisation der Duftorgane durch die Lebensweise bestimmt wird.

Der Rothirsch besitzt keine Zwischenzehensäckchen, dafür
aber ein Duftorgan an der Wedelwurzel, das *Wedelorgan*
(Abb. 58), das während der Brunftzeit anschwillt. Wenn der
Brunfthirsch einen Rivalen verfolgt, so tut er das auch nicht
mit dem Haupte am Boden, sondern mit erhobenem Windfang.
Man kann das Wedelorgan, das im wesentlichen aus Duft-

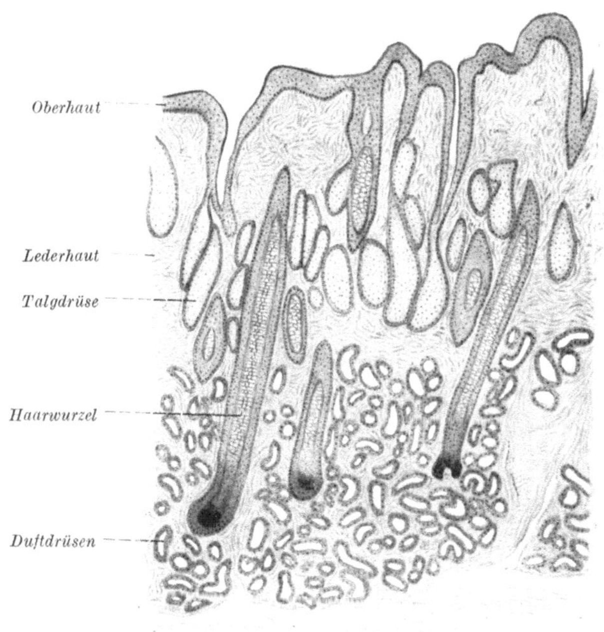

Abb. 60. Aus einem Querschnitt durch die Laufbürste vom Rehbock. 30fach.

drüsen besteht, den Fährtenmarkierungsdrüsen zurechnen,
wenn auch von ihm kein Sekret auf die Fährte abgestreift
wird. Jedes Wild hinterläßt nicht nur eine Boden-, sondern
auch eine Luftfährte. Die Bodenfährte wird durch die an den
Trittsiegeln haftenden Duftstoffe markiert, die Luftfährte
durch die Duftstoffe, die der über der Bodenfährte lagernden
Luftschicht vom flüchtenden Wild beigemengt werden. Das
Wedelorgan dürfte somit der Erzeugung einer Luftfährte dienen. Beobachtet man jagende Bracken, so sieht man, daß die

einen die Fährte oder Spur mit der Nase am Boden, die anderen mit erhobenem Windfang verfolgen. Die ersteren jagen nach der Bodenfährte, die letzteren nach der Luftfährte. Höchstwahrscheinlich ist der intensive Geruch der Brunftplätze des Hirsches auf die Duftstoffe des Wedelorgans zurückzuführen.

Auch das männliche Moschustier besitzt ein Wedelorgan. Den haarlosen, zum großen Teil aus Drüsen bestehenden Wedel reibt das Männchen regelmäßig an trockenen Astsparren bestimmter „Malbäume" ab, die man als solche schon an ihrem fettigen Glanz erkennt. Somit ist hier das Wedelorgan ein ausgesprochenes Platzmarkierungsorgan.

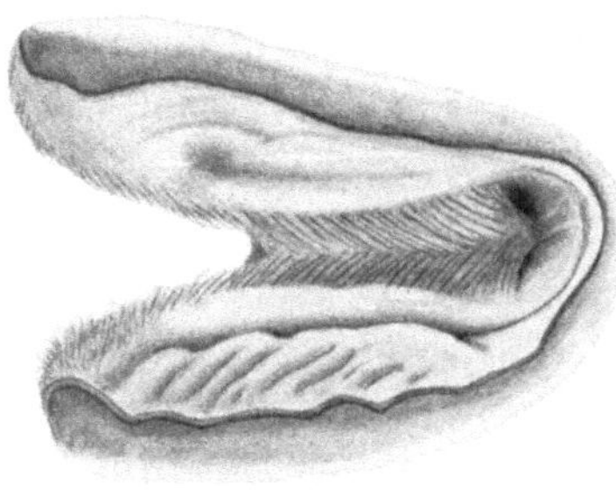

Abb. 61. Innenseite der Backe des Feldhasen, die eine breite mit borstenartigen Haaren besetzte Rinne, das Impletum pellitum, zeigt.

Fährtenmarkierungsdrüsen finden wir aber nicht nur beim Schalenwild, sondern in weiter Verbreitung auch bei den Raubtieren. Hier sind die Sohlen- und Zehenballen die Träger von Duftdrüsen. Daher nimmt man auch beim Hund den spezifischen Hundegeruch am stärksten an den Ballen wahr.

Ich vermutete auch beim Hasen Duftdrüsen in den Zehenballen, denn tatsächlich besitzt der Hase Ballen. Diese bekommt man allerdings erst dann zu Gesicht, wenn man die steifen Haarbürsten an der Sohlenfläche der Zehen abschert. Es sind das aber keine Ballen im gewöhnlichen Sinne des Wortes, keine Hautverdickungen, sondern die polsterartigen Vorragungen werden durch die mächtigen Haarwurzeln der Haarbürsten verursacht. Von Duftdrüsen ist in diesen „Ballen" keine Spur zu finden, obwohl die Sohlenfläche der Pfoten einen ausgesprochenen Eigengeruch besitzt.

Mir scheint es nicht ausgeschlossen, daß der Hase seine Vorderpfoten mit einem Duftstoff parfümiert, der einer ganz anderen Stelle entnommen wird. Der Hase zeigt an der Innenseite seiner Backen eine rinnenförmige Einsenkung (Impletum pellitum), die mit äußerer Haut ausgekleidet ist, borstenartige Haare trägt und ein Duftdrüsenlager enthält (Abb. 61, 62). Die Bedeutung dieser Duftdrüsen erscheint zunächst ganz rätselhaft, denn eine Beimengung von Duftstoffen zur aufgenommenen Nahrung wäre sinnlos. Möglicherweise dient aber der

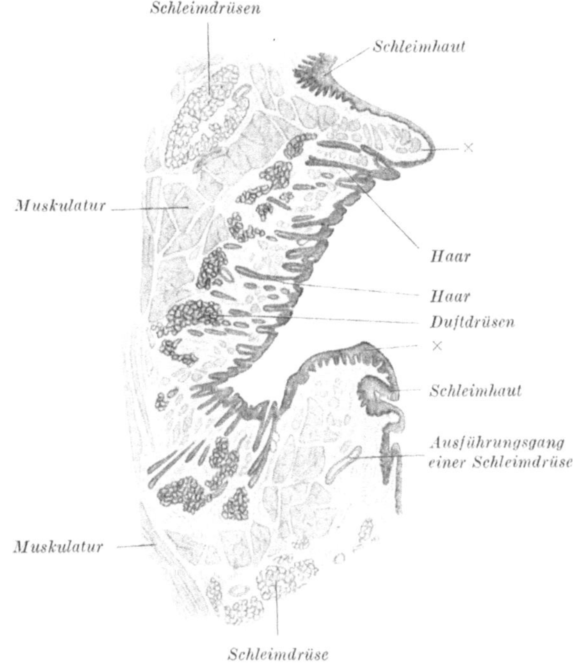

Abb. 62. Querschnitt durch die Innenseite der Backe des Feldhasen. Zwischen × × das Impletum pellitum.

Duftstoff dieses *Backenorgans* dem Hasen zur Parfümierung seiner Vorderpfoten.

Auf diesen Gedanken führte mich eine gelegentliche Beobachtung. Nach einem kalten Balzmorgen setzten wir uns (mein Jäger und ich) an einem aussichtsreichen Punkt ober Holz in die Sonne. Bald erschien in voller Flucht ein Schneehase. Ihm folgten in größerem Abstand zwei weitere weiße Hasen. Da es zur Rammelzeit war, handelte es sich sicher um eine Häsin, die von zwei Rammlern verfolgt wurde. Die wilde Jagd ging kilometerweit kreuz und quer, bergauf und bergab, und wir konnten sie von unserem Aussichtspunkt etwa eine halbe Stunde lang verfolgen. Hatte die Häsin einen großen Vorsprung erreicht, so machte sie „Kegel" und begann sich in der bekannten Weise zu putzen. Dann ging die Jagd von neuem weiter. Dabei folgten die Rammler genau der Spur der Häsin, was wir im Schnee leicht nachweisen konnten. Würde es sich beim sogenannten Putzen nur

Abb. 63. Liebesspiel der Hasen zur Rammelzeit (nach Wagner).

um eine Reinigung handeln, so dürfte wohl nicht immer mit den Vorderpfoten gleichmäßig von hinten nach vorn (gegen den Strich!) über die Backen gestrichen werden. Mir scheint es nicht unwahrscheinlich, daß dadurch der in der Backenfurche

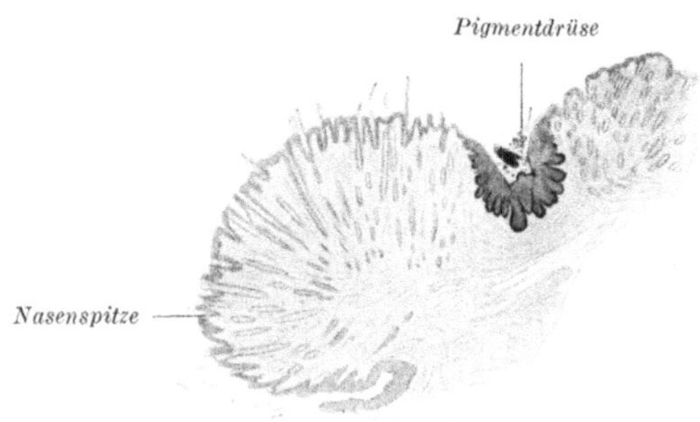

Abb. 64. Medianschnitt durch die Nasenhaut des Schneehasen mit der Pigmentdrüse. 8×.

befindliche Duftstoff zur Parfümierung der Vorderpfoten ausgestrichen wird. Vielleicht kommt dem bekannten Ohrfeigenausteilen des Rammlers an die Häsin zur Rammelzeit (Abb. 63) eine ähnliche Bedeutung zu, nämlich eine Aneignung des spezifischen Geruches der Auserwählten durch den Rammler.

Da wir schon beim Hasen sind, will ich gleich noch die anderen bei ihm vorkommenden Hautdrüsenorgane besprechen. Zunächst findet sich in der Nasenhaut nahe der Nasenspitze ein kleines, nur stecknadelkopfgroßes Drüsenorgan, das durch seine dunkle, nahezu schwarze Färbung ausgezeichnet ist, und

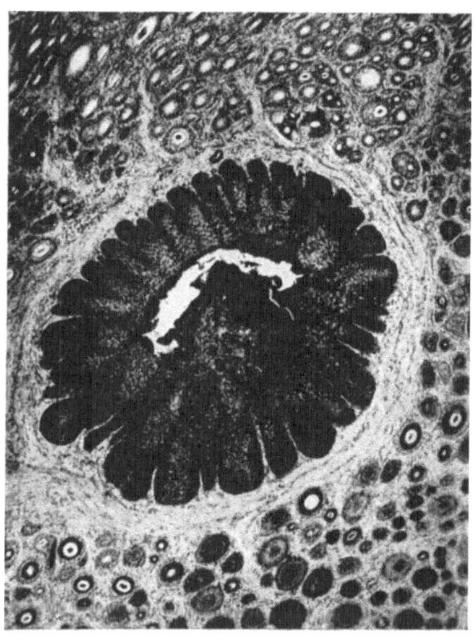

Abb. 65. Flachschnitt durch die Pigmentdrüse des Schneehasen. In der Umgebung die Querschnitte der Haarwurzeln. 40 ×.

besonders beim winterweißen Schneehasen nach dem Abscheren der Haare auch schon mit freiem Auge wahrnehmbar wird (Abb. 64). Seiner Form nach ähnelt diese Drüse einer reich verzweigten Talgdrüse. Es wird aber kein Talg ausgestoßen, sondern die Drüsenzellen enthalten massenhaft Pigment. In die grubenförmige Vertiefung in der Mitte der Drüse werden nun teils pigmentierte Zellschuppen, teils auch freie Pigmentklumpen ausgestoßen (Abb. 64, 65). Ich habe daher dieses Drüsenorgan als *Pigmentdrüse* bezeichnet. Daß aber nicht nur Pigment, sondern auch noch ein anderer Stoff in dieser Drüse abgesondert wird, erkennt man an den häufig vorkommenden, jedenfalls mit einem flüssigen Sekret erfüllten Zysten. Die Pigmentdrüse findet sich bei beiden Geschlechtern sowohl beim Feldhasen wie beim Schneehasen in derselben Ausbildung. Beim Kaninchen ist sie zwar auch vorhanden, aber rudimentär und unpigmentiert (Abb. 66).

Wenn ich auch über die Bedeutung der Pigmentdrüse nichts Bestimmtes aussagen kann, so scheint es mir doch wahrscheinlich, daß es sich um eine Platzmarkierungsdrüse handelt. Man kann nämlich beobachten, wie sich der ausziehende Hase gelegentlich etwas aufrichtet und mit der Nase an einem dürren Ästchen oder Stämmchen reibt. Andererseits habe ich wiederholt beobachtet, daß die Bracke beim Suchen plötzlich an einem Ästchen in Nasenhöhe herumschnuppert, dann eine frische Hasenspur am Boden aufnimmt und bald darauf einen Hasen aus seinem Lager hochmacht.

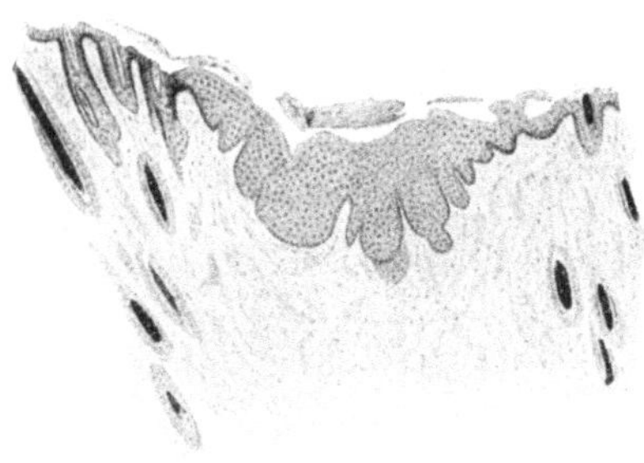

Abb. 66. Rudimentäre „Pigmentdrüse" vom Kaninchen. 30 × .

Schließlich besitzt der Hase noch ein Duftorgan in Form der sogenannten *Analdrüsen* (Abb. 58). Es sind das Duftdrüsen in der Aftergegend, die mit dem Boden in Berührung kommen, sobald der Hase Kegel oder Männchen macht, so daß beim Kegelmachen die Sitzfläche mit dem spezifischen Hasengeruch gestempelt werden dürfte. Es wären somit die Analdrüsen wahrscheinlich als Platzmarkierungsorgane aufzufassen.

Es scheint mir bemerkenswert, daß auch die zweite Wildart, für die das Kegelmachen typisch ist, nämlich das Murmeltier, sich durch den Besitz mächtig entwickelter Analdrüsen auszeichnet. Die Einzeldrüsen münden in drei Säcke, deren Mündungsgänge papillenartig aus der Afteröffnung vorgestülpt werden können (Abb. 67). Dies dürfte beim Mandlmachen geschehen, so daß demnach auch hier die Sitzfläche mit dem spezifischen Geruch gestempelt würde.

Als ich einmal ein mandlmachendes Murmentl gefehlt hatte, blieb ich trotzdem noch hinter meinem Steinmäuerl sitzen. Nach nicht allzulanger Zeit erscheint wieder ein Murmentl vor der Röhre, beschnuppert eingehend die Sitzfläche des gefehlten und fährt plötzlich, wie vom Blitze getroffen, in die Röhre zurück. Da trotz langen Passens sich kein Murmentl mehr zeigte, gehe ich zum Bau und finde als Ursache des Erschreckens einen Splitter vom Stahlmantel des Geschosses. Offenbar war durch diesen Fremdkörper der Duftstempel gestört worden.

Duftdrüsen im Enddarm besitzen wahrscheinlich alle Raubtiere. Sie dienen offenbar dazu, der Losung den Individualgeruch zu verleihen. Die Raubtiere geben mit der Losung gleich ihre Visitenkarte ab.

Für ein ausgesprochenes Platzmarkierungsorgan halte ich das *Stirnorgan* des Rehbockes (Abb. 58). Beim Präparieren der Gewichtel fiel mir der intensive Geruch der zwischen und vor den Rosenstöcken gelegenen Decke auf. Die Haut erscheint hier gewulstet, die Behaarung ist in dieser Gegend länger, wirr und klebrig (Stirnlocke). Legt man den Hautwulst in Flüssigkeit, so färbt sich diese braunrötlich. Alle diese Eigenschaften ließen vermuten, daß sich in dieser Gegend Duftdrüsen befinden, deren Sekret an die basalen Abschnitte des Gewichtels gelangt. Die mikroskopische Untersuchung ergab die Richtigkeit dieser Vermutung. In dem stark verdickten Hautwulst finden sich zahlreiche Duftdrüsen und daneben auch vergrößerte und vermehrte Talgdrüsen (Abb. 68).

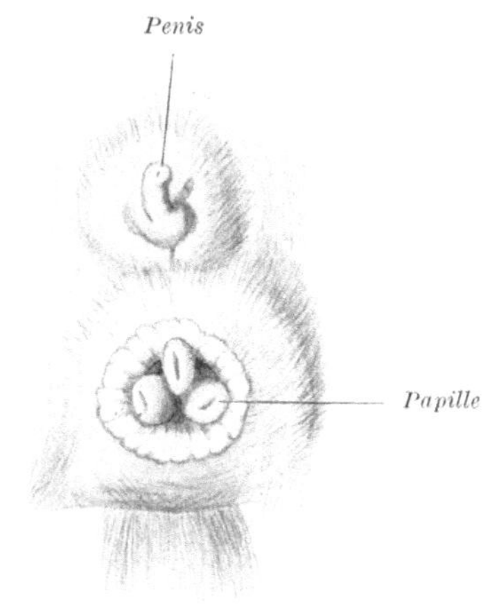

Abb. 67. Aftergegend vom Murmeltier mit den drei vorgestülpten Ausführungsgängen der Analdrüsen (nach Chatin).

Auffallend ist zunächst, daß dieses Stirnorgan nur beim Bock vorkommt. Es muß somit mit irgendeiner Funktion in Beziehung stehen, die nur dem Bock, nicht aber der Geiß zu-

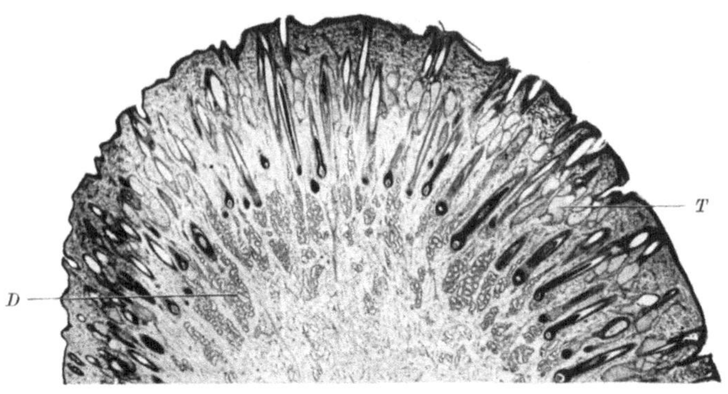

Abb. 68. Querschnitt durch den Hautwulst zwischen den Rosenstöcken vom Rehbock. Die Duftdrüsen D und Talgdrüsen T bilden das Stirnorgan. 10 ×.

kommt. Beobachtet man die Gewohnheiten des Rehbockes, so fällt einem vor allem das Fegen und Schlagen auf. Unter Fegen versteht man das Reiben der Stangen an einem dünnen

Abb. 69. Rehbock in typischer Fegestellung.

Baumstämmchen, wobei das Stämmchen zwischen die Stangen gefaßt und durch Auf- und Abwärtsbewegen des Kopfes die basalen Teile des Gewichtels, die Rosen und auch die dazwischenliegende Decke gescheuert werden (Abb. 69). Man hat früher diesem Fegen nur die Bedeutung beigelegt, den Bast vom Gewichtel zu entfernen und späterhin das schon verfegte Gewichtel blank zu scheuern, zu polieren und zu bräunen. Gewöhnlich bezeichnet man als Fegen das Scheuern, das zur Entfernung des Bastes führt, als Schlagen das Scheuern nach Entfernung des Bastes. Gewiß wird durch das Fegen der Bast abgerieben. Das ist aber in ganz kurzer Zeit, in einer viertel bis halben Stunde, erledigt und erfolgt im Frühjahr, April bis Mai. Trotzdem fegt der Bock weiter, und zwar hauptsächlich während der Wahl seines Einstandes, etwa im Juni, und dann wieder besonders lebhaft zur Brunftzeit, Ende Juli und Anfang August.

Als Fegebäumchen wählt der Bock mit Vorliebe solche, die durch ihren Standort und durch ihre Art auffallen. Das Fegen und Schlagen wird so weit getrieben, bis die Rinde in Fetzen herabhängt und das weiße Holz zutage tritt. Es ist wohl mit Sicherheit anzunehmen, daß dabei Duftstoffe aus dem Stirnorgan auf das Fegebäumchen abgestreift werden. Auf diese Weise setzt der Bock weithin sichtbare Duftmarken, durch die er seinen Bereich absteckt. Anwesenheitsmarken, die einem Rivalen zu erkennen geben, daß diese Gegend bereits ein Platzbock beherrscht. An dem spezifischen Geruch der Fegestelle wird ein anderer Bock — vielleicht auch eine Geiss — erkennen, ob es sich um einen von früher her Bekannten oder um einen Unbekannten handelt. Hat der zugewanderte Bock Schneid, so wird es zu einem Platzkampf zwischen den beiden Rivalen kommen, im anderen Falle wird der Fremdling lieber das Feld räumen.

Ich halte demnach das Stirnorgan des Rehbockes für ein Duftorgan, durch das ein Bock seine Visitenkarte abgibt und anzeigt: „Hier bin ich zu Hause."

Seinem Bau nach ist das Stirnorgan ein typisches Duftorgan. Es besteht, wie schon bemerkt, aus zahlreichen Duftdrüsen und vermehrten und zugleich vergrößerten Talgdrüsen. Zu den verschiedenen Jahreszeiten zeigen die Drüsen des Stirnorgans verschiedene Stufen der Tätigkeit (Abb. 70). Im Frühjahr zur Zeit der Einstandswahl erreichen zunächst die Duftdrüsen den Höhepunkt ihrer Ausbildung, während die Talgdrüsen die höchste Tätigkeit erst in der Brunftzeit zeigen.

Es wird somit auch die Qualität des Geruches der Fegestellen
zur Zeit der Brunft eine andere sein als vor und nach derselben. Und ein Bock wird an der Duftmarke erkennen, ob hier
ein schon oder ein noch nicht brunftiger Bock anwesend ist.
Nach der Brunft bilden sich beide Drüsenarten rasch zurück,
und namentlich die Duftdrüsen stellen ihre Tätigkeit im
Herbst und Winter vollständig ein. Zu dieser Zeit wird aber
auch nicht mehr gefegt, und die Kämpfe zwischen den Böcken
haben aufgehört.

Untersuchen wir andere Cerviden auf das Vorkommen eines
Stirnorgans, so sehen wir dieses beim Muntjak in Form der
sogenannten *Kopffalten* noch besser ausgebildet als beim

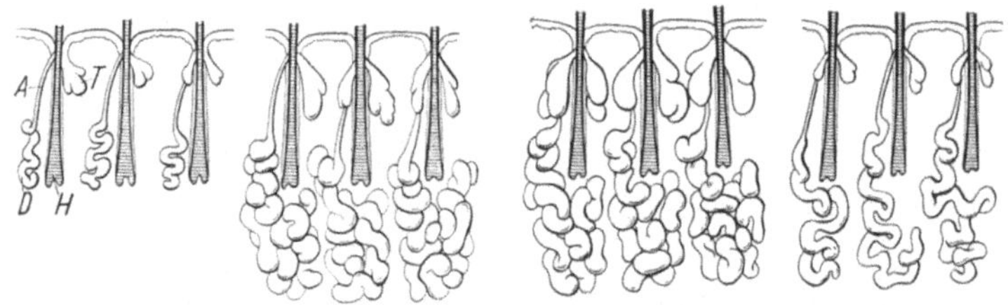

Winter   Frühjahr   Brunftzeit   Herbst

Abb. 70. Schematische Darstellung des Verhaltens der Drüsen im Stirnorgan
des Rehbocks zu verschiedenen Jahreszeiten. *D* Duftdrüse, *A* deren Ausführungsgang, *T* Talgdrüse, *H* Haarwurzel.

Rehbock. Es bildet hier mächtige Drüsenwülste in der Stirn-
gegend, die zur Brunftzeit noch stärker anschwellen und mit
deren Sekret zu dieser Zeit der Boden, Sträucher usw. gestempelt wird.

Dem Rothirsch scheint das Stirnorgan zu fehlen. Dafür besitzt er aber in der *Voraugendrüse (Antorbitalorgan)* oder
Tränengrube (Abb. 58) ein dem Stirnorgan des Rehbockes
wenigstens funktionell als Platzmarkierungsorgan entsprechendes Duftorgan. Der Hirsch vermag während der Brunftzeit
die Tränengrube weit zu öffnen und vorzustülpen und schmiert
das Sekret an Baumstämme und Äste.

Zu den Platzmarkierungsorganen gehört meines Erachtens
auch die sogenannte *Brunftfeige* oder *Brunftdrüse* der Gemse.
Eigentlich handelt es sich um zwei große Drüsengruppen, die

am Scheitel unmittelbar hinter den Krucken gelegen sind
(Abb. 71). Jede Gruppe hat eine gewisse Ähnlichkeit mit
einer Feige und besteht aus Hautwülsten von etwas wechselnder Anordnung (Abb. 72). Diese
Wülste enthalten vorwiegend
mächtige, modifizierte Talgdrüsen (Abb. 73). Duftdrüsen treten
dagegen ganz in den Hintergrund. Seine volle Entfaltung
erhält das Organ erst zur Brunftzeit, wo es eine braune, schmierige Masse von intensivem, aber
nicht unangenehmem Geruch ab-
sondert. Nach der Brunft schwel-
len die Brunftfeigen rasch ab
und werden ganz unansehnlich,
die Sekretion hört auf. In diesem Ruhezustand verbleiben die
Drüsen während des ganzen Jahres bis zum Beginn der Brunftzeit. Voll entwickelte Brunftfeigen

Abb. 71. Haupt eines brunftigen
Gemsbockes. Im Bereiche der
Brunftdrüse wurden die Haare
abgeschoren (nach Schick).

besitzt nur der Bock, bei der Gemsgeiß bleiben sie stets rudimentär und ähneln in ihrer Ausbildung den Brunftfeigen des
nicht brunftigen Bockes (Abb. 74).

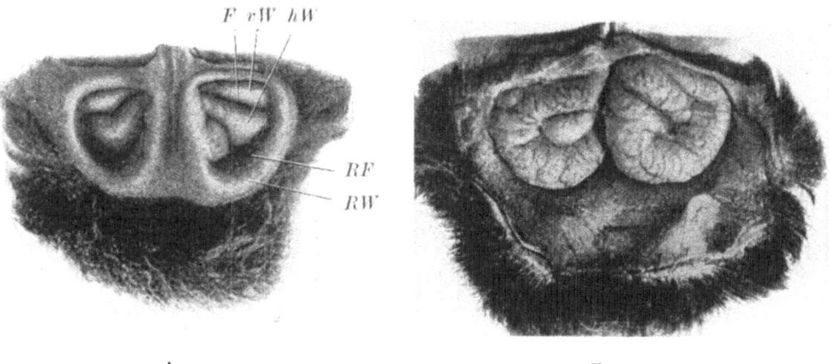

Abb. 72. Brunftdrüse eines hochbrunftigen Gemsbockes. A Von der Außenseite durch Abscheren der Haare freigelegt; B von der Innenseite her frei-
präpariert (nach Schick). $^1/_2$ ×. *RW* Randwulst, *RF* Randfurche, *vW* vorderer, *hW* hinterer Wulst, *F* Furche zwischen beiden.

Ich glaube, daß der Brunftdrüse des Gemsbockes dieselbe
Bedeutung zukommt wie dem Stirnorgan des Rehbockes. Auch
der Gemsbock „fegt" zur Brunftzeit, d. h. er nimmt z. B. einen

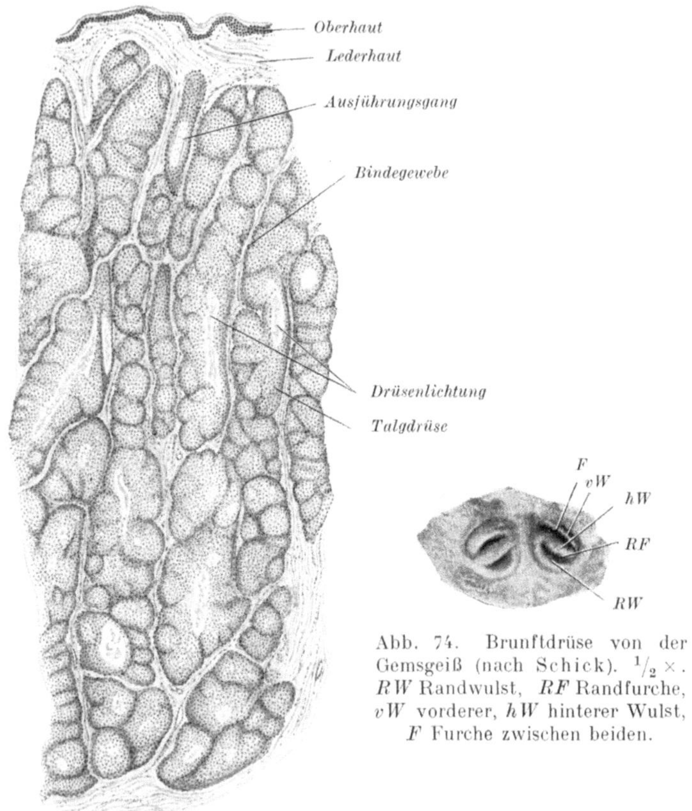

Abb. 74. Brunftdrüse von der
Gemsgeiß (nach Schick). $^{1}/_{2}$ ×.
RW Randwulst, *RF* Randfurche,
vW vorderer, *hW* hinterer Wulst,
F Furche zwischen beiden.

Abb. 73. Durchschnitt durch einen Teil der Brunftdrüse vom hochbrunftigen
Gemsbock. An dieser Stelle sind nur mächtige, modifizierte Talgdrüsen vorhanden (nach Schick).

Latschenast zwischen die Krucken und reibt daran hin und
her. Dabei muß Sekret aus der Brunftfeige auf den Ast abgestreift werden. Somit setzt er gleichfalls Duftmarken, durch
die er seinen Herrschaftsbereich markiert und einem Rivalen

seine Anwesenheit kundgibt. Vielleicht wirkt der Duftstoff gleichzeitig aber auch geschlechtlich erregend auf die Geiß.

Auch der große amerikanische Bär bringt Anwesenheitsmarken an, indem er sich an einem Baumstamm aufrichtet und mit Rücken und Nacken so lange daran reibt, bis die Rinde abgescheuert ist (Abb. 75). Es wäre zu untersuchen, ob an den betreffenden Körperteilen Duftorgane vorhanden sind.

Wohl am bekanntesten von allen Duftorganen ist in Jägerkreisen die *Viole* des Fuchses. Sie liegt bei beiden Geschlechtern an der Dorsalseite der Lunte in geringer Entfernung von der Schwanzwurzel. Das Sekret hat einen

Abb. 75. Bär bezeichnet sein Heim (nach von Uexküll und Kriszat).

nicht unangenehmen, an Veilchen erinnernden Geruch, daher auch die Bezeichnung Viole. Ihre Lage macht es wahrscheinlich, daß es sich gleichfalls um eine Markierungsdrüse handelt, die dazu dient, den Eingang des Baues mit einer Duftmarke zu versehen. Schlieft ein Fuchs in den Bau, so wird von dem an den Schwanzhaaren haftenden Duftstoff etwas an die obere Wand der Röhre abgestreift, somit eine Marke gesetzt, die einem zweiten an den Röhreneingang gelangenden Fuchs wahrscheinlich nicht nur verrät, daß der Bau befahren ist, sondern auch, von wem er befahren ist.

Der Dachs besitzt eine Drüsentasche vor dem After. Ein alter Jägerglaube besagt, daß während des Winterschlafes der Dachs seine Schnauze in die Tasche steckt und sich von der eigenen Losung nährt. Natürlich kann hiervon keine Rede sein, schon deshalb nicht, weil der Dachs während des Winterschlafes seinen Kopf zwischen die Vorderläufe und nicht zwischen die Hinterläufe steckt. Ich halte vielmehr auch die Analtasche für ein Markierungsorgan, dessen Sekret vermutlich beim Befahren des Baues an die untere Wand der Röhre abgestreift wird, so daß ihr als Platzmarkierungsorgan dieselbe Bedeutung zukäme wie der Viole des Fuchses.

Abwehrdrüsen.

Von den Abwehrdrüsen sind wohl am bekanntesten die *Stinkdrüsen* vom Stinktier, Mephitis, das wegen seines penetranten Geruches, den es bei seiner Verfolgung von sich gibt, seinen Namen erhalten hat.

Von unseren Wildarten ist es namentlich das Hermelin oder Große Wiesel, das in den *Analbeuteln* Duftorgane besitzt, die als Abwehrdrüsen aufzufassen sind. Diese Analbeutel liegen an der Schwanzwurzel zu beiden Seiten des Afters (Abb. 76). Beim plötzlichen Erschrecken oder beim Gereiztwerden spritzt das Wiesel das flüssige Sekret aus dem After aus und verpestet dadurch seine ganze Umgebung.

Es ist wohl allgemein bekannt, daß das winterweiße Hermelin namentlich in der Nähe des Schwanzes, aber auch an anderen Stellen, eine zitronengelbe Verfärbung der Haare zeigt. Diese fleckenweise Gelbfärbung wird wohl auch als Zeichen der Echtheit eines Hermelinbalges gewertet. Andererseits wurden sogar nach dem Ausmaß und der Verteilung der gelben Flecken Unterarten des Hermelins unterschieden.

Daß es sich bei dieser Gelbfärbung um eine Eigenpigmentierung der im übrigen weißen Winterhaare handeln könne, schien mir seit jeher unwahrscheinlich. Schon der Farbton entspricht nicht dem pigmentierter Haare. Außerdem ist, wie gesagt, die Gelbfärbung außerordentlich wechselnd, und schließlich läßt sie sich durch Waschen wenigstens teilweise entfernen. Das spricht schon dafür, daß die Färbung nur durch eine oberflächliche Verunreinigung der Haare zustande kommt.

Schneidet man eine *Stinkdrüse* des Hermelins durch und saugt mit Filtrierpapier den Inhalt auf, so erhält dieses denselben, nur etwas dunkleren Farbton wie die

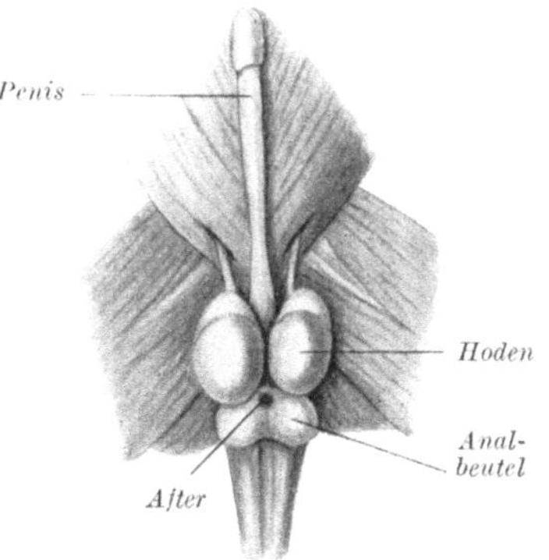

Abb. 76. Lage der Analbeutel (Stinkdrüsen) vom Hermelin.

gelben Stellen am winterweißen Balg. Dadurch schien es mir erwiesen, daß die gelben Flecken am Hermelinbalg nichts anderes sind als Verunreinigungen mit dem Sekret der Stinkdrüsen, und zwar teils mit dem der eigenen, teils wohl auch mit dem Sekret eines anderen Hermelins, das bei einer Balgerei vom Verfolgten auf den Verfolger ausgespritzt worden ist. Neuerdings ist es gelungen, das gelbe Sekret während des Ausspritzens direkt aufzufangen.

Hautdrüsen des Federwildes.

Wir haben bis jetzt nur von den Hautdrüsenorganen des Haarwildes gesprochen. Viel einfacher gestalten sich die diesbezüglichen Verhältnisse beim Federwild. Im Gegensatz zum makrosmatischen Haarwild ist das Federwild ausgesprochen mikrosmatisch, so daß im Leben der Vögel der Geruchsinn sicher eine nur ganz untergeordnete Rolle spielt. Daher besitzen die Vögel auch keine Duftdrüsen. Von Hautdrüsen findet

sich beim Vogel regelmäßig nur die *Bürzeldrüse* (Abb. 77).
Bei manchen Arten, wie z. B. beim Auerhahn, kommen ein-

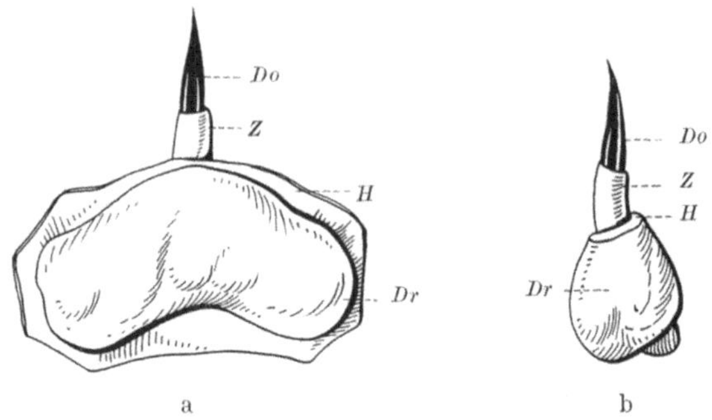

Abb. 77. Bürzeldrüse vom Auerhahn. a) Von der ventralen Seite her frei-präpariert, b) in Seitenansicht. *Dr* Bürzeldrüse, *Z* Bürzelzitze, *Do* Bürzel-docht, *H* äußere Haut.

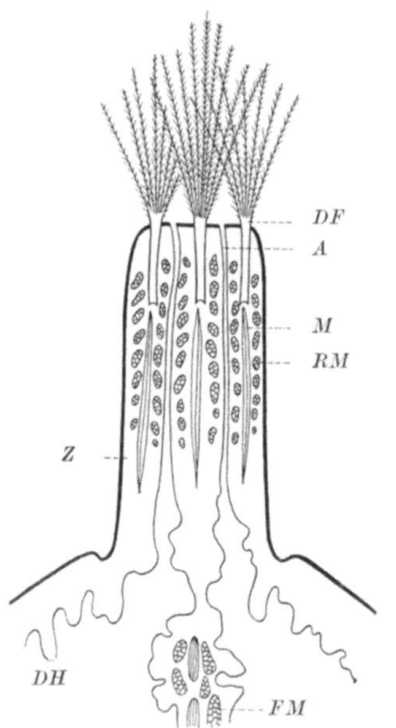

zelne Talgdrüsen außerdem noch im äußeren Gehörgang vor.

Die Bürzeldrüse ist als ein Komplex modifizierter Talgdrüsen aufzufassen. Sie sondert ein flüssiges, öliges Sekret ab, das wahrscheinlich ausschließlich der Einfettung der Federn dient. Gewöhnlich besteht die Bürzeldrüse aus einem Doppelsack, in dem sich das Sekret ansammelt, und der sich zu einer zwischen den Federn vorragenden

Abb. 78. Schema der Bürzelzitze vom Auerhahn im Frontaldurchschnitt. *Z* Zitze, *DH* Drüsenhohlraum, *A* Ausführungsgang, *DF* Dochtfedern, *M* Längsmuskulatur, *RM* Ringmuskulatur, *FM* Federmuskulatur, die in die Scheidewand zwischen den beiden Drüsenlappen ausstrahlt.

Zitze verlängert. Die Zitze enthält die beiden Ausführungsgänge, die sich an der Zitzenspitze öffnen (Abb. 78).

112

Die Zitzenspitze ist außerdem bei den Hühnervögeln und vielen anderen Arten mit kleinen, besenartigen Federn (Abb. 79) besetzt, die das austretende Sekret auffangen, und die ich deshalb in ihrer Gesamtheit als *Bürzeldocht* bezeichnet habe. Dieser Bürzeldocht ist dem Schnepfenjäger als „*Schnepfenbart*" bekannt. Wenn er nicht mit Sekret durchtränkt ist, hat er tatsächlich das Aussehen eines Miniatur-Gemsbartes.

Abb. 79. Ein Federchen aus dem Schnepfenbart. 5×.

Beim Einfetten der Federn entnimmt der Vogel mit dem Schnabel dem Bürzeldocht den in ihm angesammelten Öltropfen und streift dann mit dem eingefetteten Schnabel jede einzelne Schwungfeder durch. Daß die Bürzeldrüse bei gewissen Vogelarten ein spezifisch riechendes Sekret liefert, ist allgemein bekannt. Um den Wildenten den tranigen Geschmack zu nehmen, entfernt ja auch die Köchin mit Erfolg vor der Zubereitung die Bürzeldrüse. Trotzdem halte ich es aber für verfehlt, der Bürzeldrüse die Bedeutung eines Duftorganes zuzuschreiben.

Brunft und Trächtigkeit.

Ein Gebirgsjäger, der etwa Mitte Mai seinen Reviergang macht, könnte möglicherweise am selben Tag auf ein frischgesetztes Reh- und Gemskitz stoßen. Das muß ihm zu denken geben, da er ja weiß, daß die Rehbrunft und somit die Begattungszeit auf Anfang August, die Gemsbrunft auf Ende November fällt. Somit besteht bei der Gemse eine Trächtigkeitsdauer von $5^1/_2$, beim Reh von $9^1/_2$ Monaten! Obwohl wir im allgemeinen sehen, daß Tieren derselben Größe und Ordnung eine annähernd gleich lange Tragzeit zukommt.

Bei wildlebenden Tieren ist zu erwarten, daß 1. die Brunft auf einen Zeitpunkt fällt, in dem die betreffende Art sich im besten Ernährungszustand befindet und 2. daß die Jungen zu einem Zeitpunkt gesetzt werden, in dem für sie und die Mutter gute Ernährungsbedingungen bestehen. Daher sehen wir auch die Brunft beim Schalenwild in unmittelbarem Anschluß an die Feistzeit auftreten, somit in einer Zeit, in der das Wild die größten Nahrungsreserven aufgestapelt hat. Wäre die Tragzeit bei Reh und Gemse von gleicher Dauer, so würde die Setzzeit beim Reh auf etwa Mitte Jänner fallen, somit in eine Zeit, die nicht nur möglichst ungünstig für die Ernährung von Mutter und Kind wäre, sondern die auch infolge der ungünstigen klimatischen Verhältnisse das Kitz nicht überleben könnte. Daher hat die Natur beim Reh die Setzzeit um $4^1/_2$ Monate hinausgeschoben, die Tragzeit verlängert.

Daß die Brunftzeit beim Reh auf einen viel früheren Zeitpunkt fällt als bei der Gemse, dürfte durch die verschiedenen Äsungsverhältnisse verursacht sein. Die tiefen und mittleren Lagen bieten dem Reh schon im Frühjahr ausgiebige Nahrung, wo in hohen Lagen die Gemse sich noch kümmerlich ernähren muß, während umgekehrt im Herbst der Gemse viel länger noch zarte und bessere Äsung zur Verfügung steht als dem Reh.

Um das Wesen der *verlängerten Tragzeit* beim Reh verständlich zu machen, scheint es zweckmäßig, kurz die erste Entwicklung der Säugetiere zu besprechen.

Die Eizellen reifen innerhalb des Eierstockes allmählich
heran (Abb. 80). Sie liegen aber nicht frei im Eierstocks-
gewebe, sondern jede Eizelle erscheint zunächst von einer einfachen (a), später von einer mehrfachen Lage (b) von kleinen
Zellen (Follikelepithel) umlagert. Man bezeichnet diese mikroskopisch kleinen, kompakten kugeligen Körper, die in ihrem
Inneren je eine Eizelle beherbergen, als Primärfollikel (a, b).
Mit der weiteren Heranreifung der Eizellen tritt ein mit
Flüssigkeit gefüllter Hohlraum (Follikelhöhle) zwischen den
Follikelepithelzellen auf (c), der sich mehr und mehr ver-
größert (d), so daß die „Bläschenfollikel", wie man sie nun-

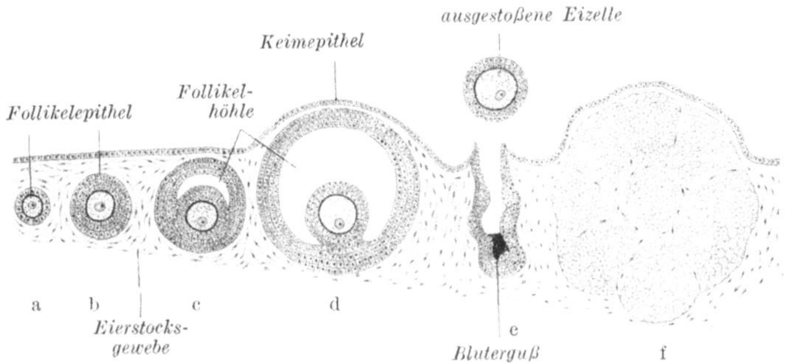

Abb. 80. Schema der Follikelreifung, Ovulation und Gelbkörperbildung.
a), b) Primärfollikel, c), d) Bläschenfollikel, e) geborstener Follikel, f) Schwangerschaftsgelbkörper.

mehr nennt, als helle, durchscheinende Bläschen schon mit
freiem Auge sichtbar werden. Schließlich wird der Flüssig-
keitsdruck im Innern des Bläschenfollikels so groß, daß es
zum Bersten des Follikels kommt (Follikelsprung) und das
Ei mit der Flüssigkeit an die Oberfläche des Eierstockes ausgestoßen wird (e). Diesen Vorgang bezeichnet man als Ovulation. Das frisch ausgestoßene Ei besitzt noch einen Belag
von Follikelepithelzellen, der aber sehr bald zugrunde geht.

Bei der Ovulation kann es zu einem Bluterguß aus zerrissenen Blutgefäßen in die leere Follikelhöhle kommen, der aber
bald aufgesaugt wird. Die Wandung des Follikels sinkt zusammen (e), und nun beginnen die wandständigen, nicht mit
dem Ei ausgestoßenen Follikelepithelzellen zu wuchern. Sie

vermehren sich lebhaft, vergrößern sich und ändern ihre Beschaffenheit, indem in ihrem Zelleib Tropfen von einem gelben Fettfarbstoff (Lutein) auftreten. Diese „Luteinzellen" füllen den Hohlraum des geplatzten Follikels, und es entsteht aus letzterem eine kompakte Zellmasse, der sogenannte Gelbkörper (Corpus luteum). Ist das ausgestoßene Ei befruchtet worden und tritt Schwangerschaft ein, so wächst der Gelbkörper zu einem großen, stets schon mit freiem Auge sichtbaren gelbbraunen Gebilde, dem Schwangerschaftsgelbkörper (f), heran, der während der ganzen Tragzeitdauer bestehen bleibt und sich erst nach dem Setzakt allmählich wieder zurückbildet.

Der Gelbkörper ist als hormonale Drüse aufzufassen. Er liefert einen Reizstoff, der für die Eieinbettung in der Gebärmutter wichtig ist und auch das Heranreifen von Eifollikeln während der Trächtigkeit verhindert. Beim Reh kann der Schwangerschaftsgelbkörper die halbe Größe des ganzen Eierstockes erreichen. Ist hingegen das ausgestoßene Ei nicht befruchtet worden und infolgedessen keine Trächtigkeit eingetreten, so bleibt der Gelbkörper verhältnismäßig klein und bildet sich auch sehr rasch zurück. Daher ist das Vorhandensein eines mit freiem Auge sichtbaren großen Gelbkörpers im Eierstock ein durchaus verläßliches Zeichen dafür, daß das betreffende Tier trächtig ist oder vor kurzem trächtig war.

Verfolgen wir nun das Schicksal der aus dem Eierstock ausgestoßenen Eizelle. Von der Oberfläche des Eierstockes gelangt die Eizelle in den Eileiter und wird hier, wenn Samenfäden durch den Begattungsakt in die weiblichen Geschlechtsorgane gelangt sind, bei den Säugetieren in der Regel befruchtet, und zwar dadurch, daß ein Samenfaden in die Eizelle eindringt. Durch die Vereinigung der Eizelle mit der männlichen Geschlechtszelle, dem Samenfaden, somit durch die Befruchtung, wird die Eizelle zur Teilung angeregt. Die sich unmittelbar an die Befruchtung anschließenden Teilungen werden als Furchung bezeichnet (Abb. 81). Die Eizelle teilt sich zunächst in zwei Tochterzellen. Diese teilen sich wieder, so daß ein Vierzellenstadium und durch sich fortwährend und rasch wiederholende Teilungen in kurzer Zeit eine aus vielen

Zellen bestehende Hohlkugel entsteht, die man als Keimblase (Blastula) bezeichnet.

Auf dieser Entwicklungsstufe werden gewöhnlich die „Eier", oder richtiger gesagt die Keimblasen, im Tragsack (Gebärmutter) des Rehes in der Zeit vom August bis Anfang Dezember gefunden. Die Keimblasen erreichen höchstens Stecknadelkopfgröße und sind daher im Tragsackschleim nur schwer zu finden. Es ist somit anzunehmen, daß beim Reh wie bei anderen Säugetieren die Furchung des Eies sehr rasch und unmittelbar nach der Befruchtung abläuft und daß erst dann eine vier Monate dauernde (allerdings nicht absolute) Keimesruhe eintritt. Diesen Abschnitt der außerordentlich verlangsamten Entwicklung bezeichnet man als *Vortragzeit*. Gegen Mitte Dezember ent-

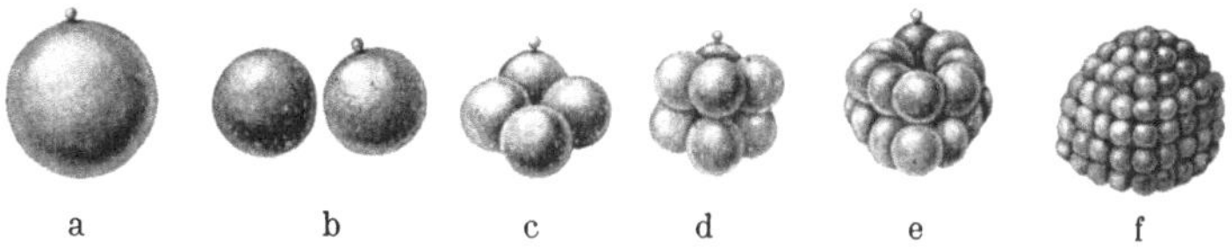

Abb. 81. Furchung des Säugetiereies. a) befruchtete Eizelle. Die kleine Kugel über der Eizelle ist eine Polzelle, die bei der Eireifung ausgestoßen wird, dann aber bald zugrunde geht. b) Zweizellenstufe, c) Vierzellenstufe, d) Achtzellenstufe, e) Sechzehnzellenstufe, f) Keimblase.

wickelt sich der Rehkeim, nachdem er zunächst in die Länge zu einem mehr schlauchförmigen Gebilde auswächst, verhältnismäßig rasch — in demselben Tempo wie bei anderen Säugetieren — zum ausgetragenen Kitz. Diesen zweiten Abschnitt der Trächtigkeit bezeichnet man als *Austragzeit*. Es hat somit die Natur, um die Tragzeit beim Reh zu verlängern und dadurch den Setzakt in eine für Mutter und Kind günstigere Jahreszeit hinauszuschieben, in die Entwicklung eine Ruhepause eingeschoben.

Wenn die Annahme stimmt, daß beim Reh die Verlängerung der Tragzeit umweltbedingt ist, d. h. von der Nahrung und den klimatischen Verhältnissen abhängt, so müßte es unter geänderten und günstigeren Lebensverhältnissen beim Reh zu einer wesentlichen Herabestzung der Tragzeitdauer kommen. Das ist auch tatsächlich beim eingezwingerten Reh

beobachtet worden, indem hier die Tragzeit nur etwa fünf
Monate, somit annähernd gleich lang währte wie bei der
Gemse oder beim Schaf. Daraus geht aber auch hervor, daß
die Entwicklungsdauer von Tieren mit verlängerter Tragzeit
nicht vollkommen festgelegt ist.

Außer für das Reh ist eine verlängerte Tragzeit ebenso
sicher für den Dachs erwiesen und für unsere Marderarten,
den Bären und Fischotter höchst wahrscheinlich gemacht.
Auch dem Großen Wiesel dürfte (in der Regel) eine verlängerte Tragzeit zukommen. Somit würde auch bei den ge-
nannten Arten die Tragzeit in eine Vortrag- und Austragzeit
zerfallen.

Bei Wildarten mit verlängerter Tragzeit läßt sich außer der
Hauptbrunft eine mehr oder weniger ausgeprägte, für die
Fortpflanzung aber bedeutungslose *Nebenbrunft* beobachten.
Diese fällt zeitlich mit dem Ende der Vortragzeit zusammen,
somit beim Reh auf Ende November. Während der Vortragzeit liegt die Keimblase frei im Tragsack des Muttertieres, und
erst mit dem Beginn der Austragzeit senkt sie sich in die Ge-
bärmutterschleimhaut ein und wird nunmehr von der Mutter
aus und dadurch auch besser ernährt, weshalb von diesem Zeitpunkt an der Keim sich viel rascher weiterentwickelt.

Die Hauptbrunft und somit die Empfangsfähigkeit ist beim
Weibchen auf eine verhältnismäßig kurze Zeit beschränkt
und wird durch die Ovulation ausgelöst. Beim Männchen hingegen erstreckt sich die Brunftbereitschaft und Befruchtungs-
fähigkeit auf einen verhältnismäßig langen Zeitraum, nämlich
auf so lange, als die Hoden in Tätigkeit sind und Samenfäden
bilden. Die Brunft wird beim Männchen hauptsächlich durch
die vom hochbrunftigen Weibchen ausgehende Witterung ausgelöst.

So ist z. B. der Hunderüde während des ganzen Jahres
brunftbereit. Die Hündin wird aber nur zweimal im Jahre
brunftig (läufig). Wittert der Rüde eine läufige Hündin, so
wird er zu jeder Zeit des Jahres brunftig. Im Rehhoden beginnt die Samenbildung gegen Ende April, erreicht ihren
Höhepunkt Ende Juli bis Anfang August und fällt dann wieder ziemlich rasch ab, um im Spätherbst gewöhnlich voll-

ständig aufzuhören. Wenn auch die Hauptbrunftzeit des Bokkes auf Ende Juli bis Anfang August fällt, da zu dieser Zeit auch die Geißen brunftig sind, so ist doch die Möglichkeit gegeben, daß bei einer abnorm früh oder spät brunftig werdenden Geiß das aus dem Eierstock ausgestoßene Ei befruchtet wird und sich weiterentwickelt. Daher kann auch ausnahmsweise ein Rehkitz früher oder auch später gesetzt werden, als es der Norm entspricht.

Die Nebenbrunft dürfte durch die Einnistung des Keimes in die Tragsackschleimhaut und die damit einhergehende Umstimmung der weiblichen Geschlechtsteile (stärkerer Blutzufluß, vermehrte Drüsentätigkeit usw.) ausgelöst werden und sich vom Weibchen auf das Männchen übertragen. Das Männchen gerät in einen geschlechtlichen Erregungszustand, der auch Begattungsversuche veranlassen kann, die aber nie zu einer Befruchtung führen werden, da ja das Weibchen sowieso schon trächtig ist.

Losungen und Gewölle.

Der Jäger ist gewohnt, alle Anzeichen zu beachten, die ihm die Anwesenheit des Wildes verraten. Dazu gehören neben den Fährten vor allem die Losungen. Es sind die verläßlichsten Visitenkarten, die sich in ihrer Beschaffenheit so wesentlich voneinander unterscheiden, daß aus der Losung mit Sicherheit die Wildart erschlossen werden kann. Diese Verschiedenheiten sind nicht nur durch die aufgenommene Nahrung, sondern auch durch den verschiedenen Bau des Darms verursacht.

Die Losungen aller Vögel unterscheiden sich von denen der Säugetiere dadurch, daß sie nicht nur aus Kot, sondern aus einem Gemenge von Kot und Harn bestehen. Bei den Vögeln wird ja bekanntlich der Harn in den Endabschnitt des Darms, in die Kloake, entleert. Daher zeigen die Losungen der Vögel zum Unterschiede von denen der Säugetiere stets weiße, aus Harnsäure bestehende Auflagerungen und Beimengungen und sind vielfach formlos, nahezu flüssig. Mit

Ausnahme der fladenartigen Hirschlosung zur Feistzeit (August
bis Mitte September) kommt eine ungeformte Losung bei Haarwildarten normalerweise überhaupt kaum vor und läßt in der
Regel auf eine Darmerkrankung (Durchfall) schließen.

Unter den geformten Losungen lassen sich zwei Hauptarten unterscheiden: 1. die aus mehr rundlichen kugelförmi-

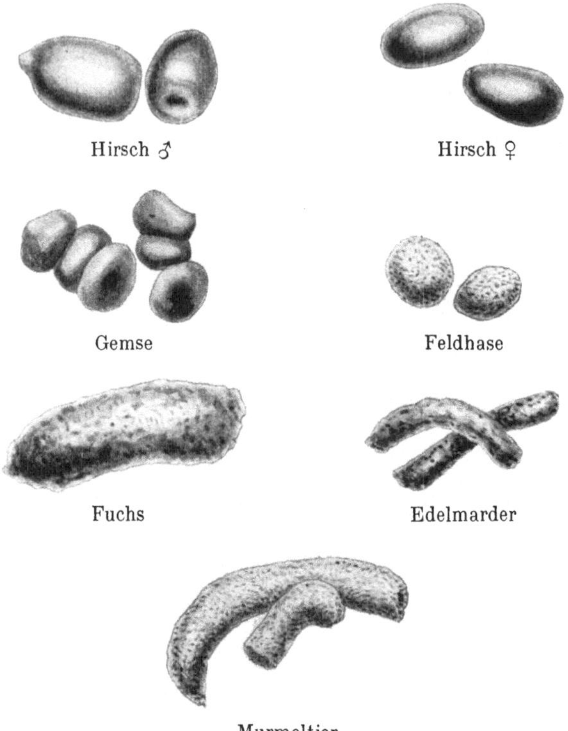

Abb. 82. Losungen von verschiedenen Haarwildarten. $^2/_3 \times$.

gen bis ovoiden und 2. die aus wurstförmigen Teilstücken bestehende Losung. Für die erstere paßt vor allem die volks-
tümliche (aber nicht weidgerechte) Bezeichnung „Gagel",
wohl vom Lateinischen „Coagulum", das Zusammengeballte,
stammend. In Ermangelung einer besseren Bezeichnung will
ich diesen Ausdruck beibehalten. Eine Losung in Form von

Gagel haben im allgemeinen die Pflanzenfresser, somit das Schalenwild und die Hasen. Eine Ausnahme macht das Murmeltier mit seiner ausgesprochen wurstförmigen Losung. Eine Losung in Form von *Würstchen* kommt den Fleischfressern, somit dem Raubwild zu. Auch die geformte Losung des Federwildes ist im allgemeinen wurstförmig.

Die nahezu kugelrunden, nur mitunter leicht abgeplatteten, verhältnismäßig großen Hasengagel (Abb. 82), die stets reichlich unverdaute Grasreste enthalten, werden einzeln hintereinander abgesetzt. Die unverdauten Äsungsreste werden schon in einzelnen Portionen aus dem langen Blinddarm in den Enddarm hinein ausgestoßen, wo sie perlschnurartig übereinanderliegend sich gegen das Weidloch hin mehr und mehr abrunden.

Wesentlich anders verhalten sich die Gagel beim Schalenwild. Sie liegen im Enddarm nicht einzeln übereinander, sondern zu vielen nebeneinander, mehr oder weniger zusammengeballt. Sie erhalten ihre endgültige Form in entsprechenden Ausbuchtungen des Enddarmes (Abb. 83), werden stets zu vielen gleichzeitig ausgestoßen, sind

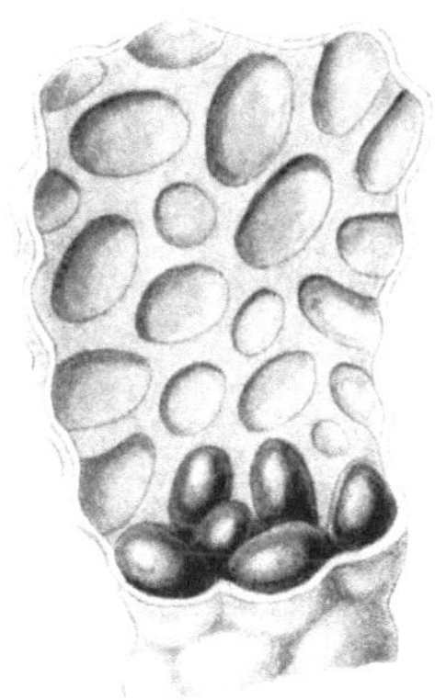

Abb. 83. Aufgeschnittener Enddarm vom Reh. Man sieht die Ausbuchtungen der Darmwand, in denen die Gagel geformt werden.

nahezu schwarz und enthalten keine unverdauten Grasreste.

Die Gagel der Gemse sind annähernd kugelig oder, wenn mehrere zusammenkleben, was häufig der Fall ist, etwas abgeflacht, auf der einen Seite konvex, auf der anderen leicht konkav (Abb. 82). Die Gagel von Rothirsch und Reh sind einander ähnlich, nur durch ihre Größe verschieden, haben etwa die Gestalt einer Eichel und lassen meist in ihrer Form Geschlechtsunterschiede erkennen. Die vom Hirsch und Rehbock sind kürzer und dicker. Sie zeigen an dem einen, mehr zugespitzten Pol eine Vorragung, ein „Zäpfchen“, an dem anderen, mehr abgeflachten Pol, ein entsprechendes „Näpfchen“, so daß Zäpfchen und Näpfchen der sich folgenden Gagel ineinanderpassen und gelegentlich noch in dieser Weise zusammenhängen. Die Gagel vom Hirschtier und der Rehgeiß sind dünner und verhältnismäßig länger und an beiden Enden gleichmäßig abgerundet (Abb. 82).

Die wurstförmige Losung des Murmeltieres enthält reichlich Grasreste und ist ziemlich hell (Abb. 82). An der im allgemeinen dunklen Losung von Fuchs und Marder fällt der intensive, nahezu stechende Geruch auf, der von der Beimengung des Sekretes der im Enddarm gelegenen Duftdrüsen herrührt. Die Fuchslosung besteht aus Würstchen, die in ihrer Dicke der Losung eines mittelgroßen Hundes entsprechen. Bedeutend dünner sind die Würstchen des Marders und am dünnsten die des Wiesels.

Namentlich aus der Fuchslosung läßt sich der Speisezettel auch ohne feinere Untersuchung oft leicht ablesen. Wohl am häufigsten besteht die Fuchslosung im wesentlichen aus einem Filz von Maushaaren. Im schneereichen Winter und ersten Frühjahr fällt einem die nahezu rein weiße Kalklosung auf, die von den Knochen eines Stückes Fallwild herrührt. Im Frühjahr und Sommer besteht die Losung, sowie auch die des Edelmarders, oft nahezu ausschließlich aus den Flügeln und anderen Chitinresten von Mistkäfern; zur Beerenzeit aus den unverdauten Schalen der Preißelbeeren, zur Kirschenzeit aus Kirschkernen.

Natürlich holt sich der Fuchs die Kirschen nicht vom Baum. Er muß sich damit begnügen, abgefallene Kirschen vom Boden aufzulesen. Ich habe derartige Kirschenlosung sogar in einer Höhe von etwa 2000 Meter gefunden, woraus hervorgeht, daß der Fuchs weite nächtliche Wanderungen unternimmt. Im Herbst findet man in Zirmbeständen häufig Losungen, die massenhaft die Schalen von Zirmnüßchen enthalten. Aus diesem von der Losung abgelesenen Speisezettel, der sich leicht noch vermehren ließe, ergibt sich, daß der Fuchs keineswegs wählerisch ist, daß er sich aber zu bestimmten Jahreszeiten auf eine besondere Nahrung spezialisiert.

Von den Losungen des Federwildes beachtet der Jäger vor allem die der Waldhühner, zu denen das Auer-, Spiel-, Hasel-

und Schneehuhn gehören. Alle Waldhühner zeigen in Anpassung an die schwer ausnützbare Äsung einen übereinstimmenden Bau des Verdauungsrohres. Namentlich im Winter besteht die Hauptnahrung aus Koniferennadeln, von denen große Mengen aufgenommen werden müssen, um die nötigen Nährstoffe zu liefern. Zu einem Fettansatz kommt es bei den Waldhühnern überhaupt niemals.

Alle Waldhühner besitzen zwei ungewöhnlich lange und weite Blinddärme (Abb. 84), die zusammen die ganze übrige Länge des Darmrohres nahezu oder (wie beim Schneehuhn) ganz erreichen. Die wechselnde Länge der Blinddärme bei den verschiedenen Vogelarten steht sicher in Beziehung zur Art der Nahrung. Von den einheimischen Vogelarten ist keine durch so gut entwickelte Blinddärme ausgezeichnet wie gerade die Waldhühner. Ja, bei manchen Arten erscheinen die Blinddärme nur als ganz unansehnliche Anhängsel (Abb. 49) oder können sogar ganz fehlen.

Diese mächtigen Blinddärme dienen dazu,

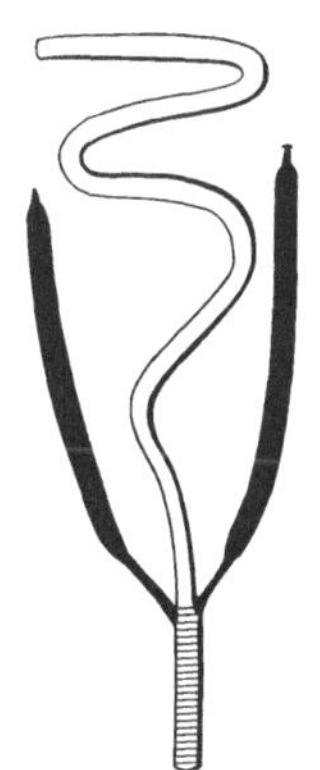

Abb. 84. Darmkanal des Auerhahns ausgebreitet, um die Längenverhältnisse der beiden Blinddärme zu den übrigen Abschnitten des Darmkanals zu zeigen. Mitteldarm hell, Enddarm schraffiert, Blinddärme schwarz.

die feinen durch den Magen- und Darmsaft schon veränderten und ausgelaugten Nahrungsbestandteile aufznehmen, weiterzuverarbeiten und das Verwendbare aufzusaugen; während alle groben Abfallprodukte mit Umgehung der Blinddärme direkt in den Enddarm gelangen und als *Enddarmlosung* ausgestoßen werden.

In den Blinddärmen der Waldhühner findet eine ganz eigenartige Absonderung von langen Schleimfäden statt. Diese vermengen sich auf das innigste mit dem übrigen Blinddarminhalt und verleihen ihm eine zähflüssige, klebrige Beschaffenheit. Außerdem ist der Blinddarminhalt durch seinen großen Gehalt an Chlorophyll (Blattgrün) und Harzteilen ausgezeichnet. Von Zeit zu Zeit werden die Blinddärme, unabhängig vom Enddarm, entleert. Diese von der Enddarmlosung wesentlich verschiedene *Blinddarmlosung*, beim Auerhahn als „Balzlosung" oder „Balzpech" bekannt, erscheint in Form von weichen, aber bald eintrocknenden, meist schwarzen Fladen oder Spritzern, während die Enddarmlosung im Winter und im Frühjahr aus etwas gekrümmten Würstchen besteht, die bei den verschiedenen Arten der Waldhühner sich nur durch ihre Größe unterscheiden und im wesentlichen aus Pflanzenresten bestehen (Abb. 85).

Die Entleerung der Blinddärme erfolgt beim Auerhahn in der Nacht oder in den frühen Morgenstunden, so daß man

Abb. 85. Winterlosung vom Auerhahn, Spielhahn und Schneehuhn. $^1/_2 \times$.

Blinddarmlosung unter jenem Baum findet, den der Auerhahn als Nachtquartier aufzusuchen pflegt. Da weiterhin der Auerhahn auf seinem Balzbaum schon abends einfällt, so ist es begreiflich, daß man unter diesem Baum gelegentlich auch Blinddarmlosung findet, und somit kann diese zur Auffindung des Balzbaumes führen; und auch nur insofern hat die Bezeichnung „*Balzlosung*" eine gewisse Berechtigung. Blinddarmlosung wird natürlich aber auch zu jeder anderen Jahreszeit entleert, ist somit keineswegs für die Balzzeit kennzeichnend. Freilich ist z. B. im Sommer zur Zeit der Heidelbeeren der Unterschied zwischen End- und Blinddarmlosung nicht so augenfällig wie im Winter und Frühjahr, da zu dieser Zeit auch die Enddarmlosung weich, nahezu ungeformt und blauschwarz wie die Blinddarmlosung erscheint.

Stets findet man im Magen der Waldhühner kleine Steinchen in so großen Mengen (beim Auerhahn mehrere Hundert), wie wohl bei keinem anderen Vogel (Abb. 86). Diese Steinchen — der Jäger nennt sie „*Weidkorn*" — werden aufgenommen, um das Zerkleinern und Zerreiben der zähen Pflanzenteile im Muskelmagen zu erleichtern. Bei der Aufnahme der Steinchen, deren größte kaum Erbsengröße erreichen, geht das Auer- und Spielwild recht wählerisch vor. Besonders beliebt sind Quarzsteinchen, die sich auch wegen ihrer großen Härte am besten zu Mahlsteinen eignen. Aus der Verschiedenartigkeit des Weidkorns konnten sogar Rückschlüsse auf bestimmte Strichrichtungen des Spielhahns gezogen werden.

Ich habe nie größere Mahlsteine in der Losung von Waldhühnern gefunden. Sie scheinen vielmehr sehr lange, wahrscheinlich bis zum vollständigen Verbrauch, im Magen zu verbleiben, um dann wieder durch neu aufgenommene er-

Abb. 86. Sämtliche Mahlsteine (Weidkorn) aus dem Magen eines Auerhahns.

setzt zu werden. Hierfür spricht auch, daß schon zu Beginn der Balzzeit, wenn in der Höhe der Standplätze von Auer- und Spielhahn noch kein aperer Fleck zu finden ist, der Magen große Mengen allerdings stark abgenützter Mahlsteine enthält, die nur vor Einbruch des Winters aufgenommen werden konnten.

Unter *Gewölle* versteht man die unverdaulichen Nahrungsreste, die bei vielen Vögeln, so namentlich bei den Raubvögeln, nicht als Losung abgesetzt, sondern in Form von Ballen und Würstchen durch den Schnabel ausgewürgt werden. Wie schon der Name sagt, besteht das Gewölle vielfach aus zusammengeballten Haaren. Dadurch kann es eine gewisse Ähnlichkeit mit einer Losung, z. B. der des Fuchses, erhalten, und es wird vom Unkundigen auch oft mit dieser verwechselt.

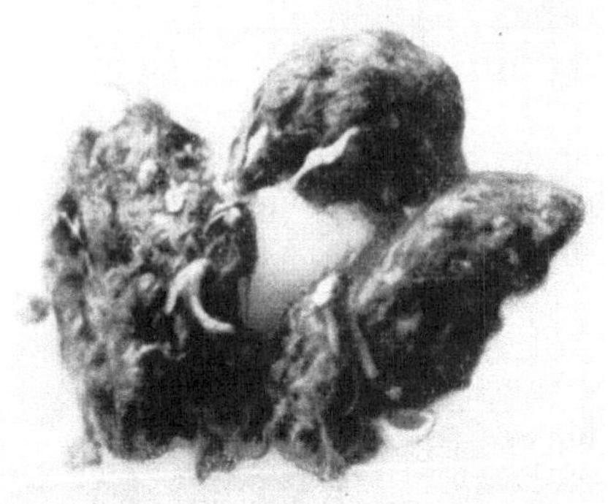

Abb. 87. Gewölle einer Eule.

Gewölle stoßen aber nicht nur die Raubvögel aus, sondern z. B. auch kleine insektenfressende Vögel wie Würger und Rotkehlchen. Die ausgewürgten Zäpfchen bestehen hier aber der Hauptsache nach aus Chitinmassen und verdienen somit eigentlich nicht die Bezeichnung „Gewölle“. Aus der Form und Beschaffenheit der Gewölle kann die Vogelart mit ziemlicher Sicherheit erschlossen werden. Jedenfalls ist es leicht, zu entscheiden, ob es sich um ein Gewölle von einem Nacht- oder Tagraubvogel handelt.

Das Gewölle der Nachtraubvögel enthält nämlich außer Haaren und

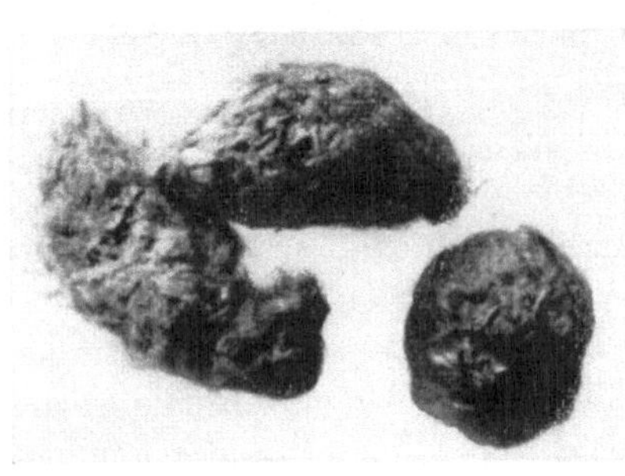

Abb. 88. Gewölle des Turmfalken.

Federn stets auch kleinere Knochen (Abb. 87). So findet man im Gewölle der Eulen die durch Abverdauung der Weichteile schön gereinigten Schädel- und andere Knochen von Mäusen und anderen Kleintieren. Aus der Untersuchung dieser Gewölle konnte nicht nur der Speisezettel der verschiedenen Eulenarten zusammengestellt werden, sondern sie dient auch zur Erforschung des Verbreitungsgebietes bestimmter Kleintierarten. Da die Eulen oft durch lange Zeit immer wieder dieselben Einstände aufsuchen, so kann man gelegentlich an einer umschriebenen Stelle einen Hutvoll Gewölle sammeln, was natürlich eine große Ausbeute an Kleintierknochen ergibt.

Die Gewölle von Tagraubvögeln (Abb. 88) hingegen enthalten fast niemals Knochen oder Knochenreste. Da die Knochen durch die freie Salzsäure des Magens gelöst werden, ist daher anzunehmen, daß der Magensaft der Tagraubvögel mehr Salzsäure enthält als der der Nachtraubvögel.

Spuren und Fährten.

Wenn der Winter ein frisches Linnen ausgebreitet hat, zieht es den Jäger hinaus; denn zu keiner anderen Zeit kann er sich eine bessere Vorstellung davon machen, was sein Revier beherbergt. Jedes Stück Wild muß seine Anwesenheit durch die Runen im Schnee verraten. Der Jäger bezeichnet die Summe der Trittsiegel beim Schalenwild als Fährte, beim übrigen Haarwild als Spur, beim Federwild als Geläufe. Die Form der einzelnen Tritte und auch ihre gegenseitige Stollung sind für die einzelnen Wildarten so kennzeichnend, daß der Kundige mit voller Sicherheit die Wildart daraus erschließen kann. Schon aus dem einzelnen Trittsiegel erkennt außerdem der Jäger auch die Fluchtrichtung des Wildes.

Ebenso erkennt der Jagdhund das Wild an seiner Fährte oder Spur. Aber nicht wie der Jäger durch das Auge, an dem Sehbild, sondern durch die Nase, an dem an den einzelnen Trittsiegeln haftenden spezifischen Geruch. Daß auch der erfahrene Jagdhund aus den einzelnen Trittsiegeln sofort die Fluchtrichtung des Wildes erschließt, dürfte wohl darauf zurückzuführen sein, daß er durch Beschnuppern des Trittsiegels eine Vorstellung von dessen Form, Größe und der feineren Verteilung der Riechstoffe, somit ein „Riechbild", erhält, das er durch lange Erfahrung richtig zu deuten versteht.

Ein junger, unerfahrener Hund folgt zunächst häufig einer Spur oder Fährte in falscher Richtung. Erst nach einiger Zeit bemerkt er — wohl infolge des Nachlassens der Intensität der Witterung — seinen Irrtum und wechselt die Richtung. Er hat noch nicht gelernt, das Riechbild der Fährte richtig zu deuten. Natürlich gilt das für den Hund Gesagte ebensogut für jede makrosmatische Wildart. Auch der Fuchs erkennt an der Witterung die Spur und Fluchtrichtung des Hasen, der Rehbock die Fährte der Geiß usw.

Der Jäger nimmt nur eine sichtbare Fährte oder Spur wahr, der Hund und alle anderen Nasentiere vor allem eine riechbare. Der Jäger wird daher nur bei günstiger Bodenbeschaffenheit (Schnee, weiche Erde, Sand) die Spur erkennen; allerdings auch dann noch, wenn sie schon alt ist und ihre Witterung längst verloren hat. Der Hund wird letztere nicht mehr erkennen, dafür aber eine frische, unsichtbare Spur, von der der Jäger nichts wahrnehmen kann. Kein Wunder, daß sich daher der Jäger den Hund als Jagdgehilfen gewählt hat. Beide ergänzen sich gewissermaßen im Fährtensuchen.

Die Fährtenkunde ist gegenüber früheren Zeiten wesentlich zurückgegangen. Namentlich gilt das bezüglich der Hirschfährte. Die alten Jagdschriftsteller führen zur richtigen Einschätzung der Hirschfährte 72 „gerechte Zeichen" an. Heute begnügt man sich mit einer viel geringeren Anzahl von Unterscheidungsmerkmalen. Trotzdem würde es zu weit führen, hier auf die einzelnen „Zeichen" einzugehen. Es ist das ein Zweig der Wildkunde, der viel mehr den praktischen Jäger angeht als den Biologen.

Wie beim Pferd kann man auch beim Hirsch drei Gangarten unterscheiden: das vertraute Ziehen (Schritt), das Trollen (Trab), das Fliehen (Galopp). Nicht nur an der Fährte, somit nicht nur beim Schalenwild, lassen sich diese Gangarten auseinanderhalten, sondern auch die verschiedenen typischen Spuren sind darauf zurückzuführen. Beim vertrauten Ziehen reiht sich in gleichen Abständen Tritt an Tritt. Liegen alle Trittsiegel annähernd in einer geraden Linie, so bezeichnet man diese Gangart als „*Schnüren*". Das Schnüren ist die gewöhnliche Gangart des Fuchses. Dabei werden die Hinterpfoten genau in die Abdrücke der Vorderpfoten gesetzt, so daß sich beide Trittsiegel vollkommen decken (Abb. 89). Auch die Waldhühner schnüren, indem sie einen Fuß genau vor den anderen setzen. Beim Bodenbalz im Schnee verursachen die

Abb. 89. Fuchs schnürend, darunter die Spur.

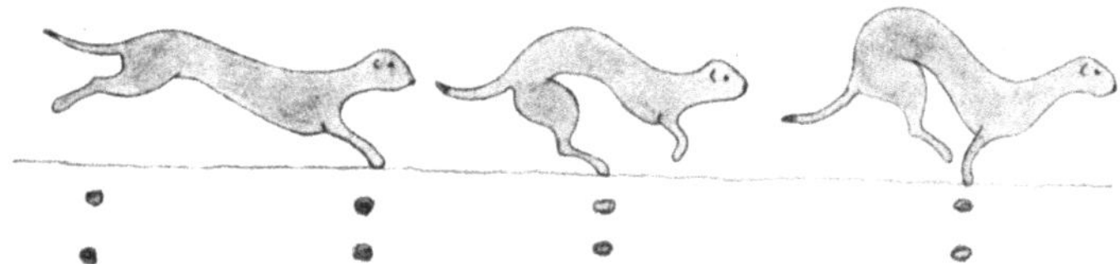

Abb. 90. Wiesel galoppierend, darunter die Spur.

Abb. 91. Hase hoppelnd, darunter die Spur.

herabhängenden Schwungfedern je einen Streifen zu beiden Seiten des Geläufes.

Beim *Fliehen* oder Galoppieren werden gleichzeitig oder nahezu gleichzeitig die beiden Vorderläufe und dann die beiden Hinterläufe aufgesetzt. Die Tritte stehen daher nicht einzeln in einer Reihe hintereinander, sondern paarweise nebeneinander. Dabei können entweder die Hinterpfoten in die Tritte der Vorderpfoten fallen, oder es können die Hinterläufe über die Vorderläufe vorgreifen. Ersteres ist kennzeichnend für die Spur des Marders und Wiesels (Abb. 90). Auch die verschiedenen Mausarten zeigen in Miniaturausgabe dieses

Fährtenbild. Letzteres ist kennzeichnend für die Spur des Hasen und Eichhörnchens. Auch das Schalenwild greift beim Flüchten mit den Hinterläufen über die Vorderläufe vor.

Bei der allgemein bekannten Hasenspur (Abb. 91) liegen demnach die größeren Trittsiegel der Hinterpfoten vorn in der Fluchtrichtung und weiter auseinander als die kleinen, mehr hintereinander liegenden Tritte der Vorderpfoten. Außerdem greift die eine der beiden Hinterpfoten stets etwas weiter vor als die andere.

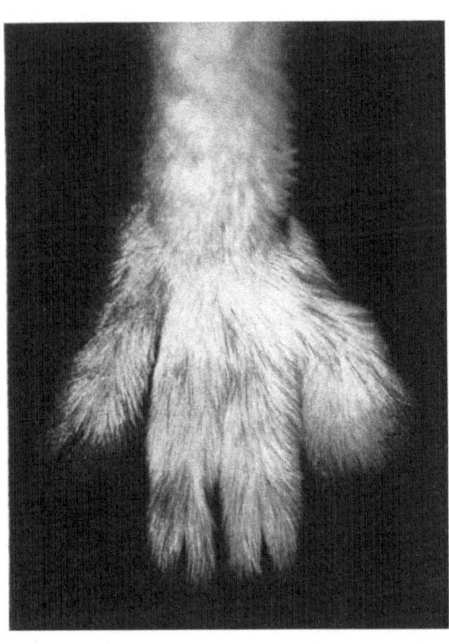

Abb. 92. Hinterpfote vom Schneehasen.

Dieses regelmäßige Vorgreifen von einem Hinterlauf schien mir zur Beantwortung der Frage geeignet, ob bei wildlebenden Tieren eine der menschlichen Rechtshändigkeit (und Linksfüßigkeit) entsprechende Gesetzmäßigkeit bestehe oder nicht; d. h., ob die Hasen vielleicht regelmäßig mit dem rechten oder mit dem linken Hinterlauf weiter ausgreifen.

Jeder Brackierjäger weiß, daß ein Hase, wenn er lange genug gejagt wird, nach Beschreibung eines großen Bogens, wenigstens häufig, wieder auf den Ausgangspunkt zurückkehrt; ähnlich etwa wie ein Wanderer im Nebel, der die Orientierung verloren hat. Ist dieser Wanderer ein Rechtshänder, so ist zu erwarten, daß er infolge des weiteren Ausschreitens mit dem muskelstärkeren linken Fuß einen Bogen nach rechts beschreibt.

Verfolgt man verschiedene Hasenspuren im Schnee, so erkennt man, daß der eine Hase auf eine lange Strecke hin mit dem rechten, ein anderer mit dem linken Hinterlauf weiter vorgreift, daß aber gelegentlich ein und derselbe Hase mit dem Vorgreifen wechselt. Eine ausgesprochene Rechts- oder Links-füßigkeit scheint demnach beim Hasen nicht vorhanden zu sein. Immerhin wäre es aber möglich, daß das Im-bogenlaufen beim gejagten Hasen auf das stärkere Vor-greifen des einen Hinter-laufes zurückzuführen ist. Greift ein Hase vorwiegend links vor, so müßte er einen Bogen nach rechts beschrei-ben und umgekehrt bei stär-kerem Vorgreifen des rech-ten Hinterlaufes.

Die Spur des Schneehasen ähnelt der des Feldhasen. Sie unterscheidet sich aber von dieser, namentlich im weichen, **tiefen Schnee,** besonders dadurch, daß der Schneehase die Zehen der Hinterpfote viel wei-ter auseinanderspreizt, so daß dadurch die Tritt-fläche wesentlich ver-größert wird. Für den Schneehasen sind da-durch die Hinterpfoten förmliche Schneereifen (Abb. 92). Eine Verbrei-terung der Tragflächen in Anpassung an das Laufen im tiefen Schnee sehen wir auch bei den Waldhühnern, die hier allerdings auf ganz an-

Abb. 93. Schneehuhnfuß mit befieder-ten Zehen.

Abb. 94. Auerhahnfuß mit „Balzstiften".

dere Weise erreicht wird als beim Schneehasen. Beim Schneehuhn werden die Trittflächen dadurch vergrößert, daß auch noch die Zehen befiedert sind (Abb. 93). Bei den übrigen Waldhühnern findet sich zwar keine echte Befiederung der Zehen, sondern diese sind seitlich mit Hornfransen besetzt, die unrichtigerweise als *„Balzstifte"* bezeichnet werden (Abb. 94). Diese als rudimentäre, umgewandelte Federn anzusprechenden steifen Fransen sind nämlich keineswegs nur während der Balzzeit vorhanden. Sie werden wie alle Federn gemausert. Gegen Ende der Balzzeit beginnen sie auszufallen, wodurch die Mauserzeit eingeleitet wird, die beim Auerhahn bis gegen Ende August dauert. In dieser Zeit wachsen neue „Balzstifte" wieder nach.

*

Ich hoffe, gezeigt zu haben, daß sich dem Jäger, wenn er zugleich Biologe ist, ein nahezu unerschöpfliches Feld der Forschung eröffnet. Wildbiologische Fragen lassen sich weder ausschließlich in freier Wildbahn noch ausschließlich im Laboratorium beantworten. Es wäre daher wünschenswert, wenn Jäger und Biologen mehr als bisher zusammenarbeiten würden und nicht mit einem gewissen Mißtrauen einander gegenüberständen. Jagd und Wissenschaft sollen sich gegenseitig ergänzen, nicht nur im Interesse der Wissenschaft, sondern auch zu Nutz und Frommen des deutschen Wildes.